◎ "高职技艺技能技术创新工程"系列丛书

纳米技术与环境保护

NA MI JI SHU YU HUAN JING BAO HU

吴何珍　著

合肥工业大学出版社

图书在版编目(CIP)数据

纳米技术与环境保护/吴何珍著. —合肥:合肥工业大学出版社,2013.6
ISBN 978 - 7 - 5650 - 1373 - 7

Ⅰ.①纳…　Ⅱ.①吴…　Ⅲ.①纳米材料—应用—环境—保护—研究
Ⅳ.①X

中国版本图书馆 CIP 数据核字(2013)第 131152 号

纳米技术与环境保护

吴何珍　著　　　　　　　责任编辑　郭娟娟　王路生

出　版	合肥工业大学出版社	版　次	2013 年 6 月第 1 版
地　址	合肥市屯溪路 193 号	印　次	2013 年 7 月第 1 次印刷
邮　编	230009	开　本	710 毫米×1000 毫米　1/16
电　话	总　编　室:0551 - 62903038	印　张	10
	市场营销部:0551 - 62903198	字　数	184 千字
网　址	www.hfutpress.com.cn	印　刷	合肥现代印务有限公司
E-mail	hfutpress@163.com	发　行	全国新华书店

ISBN 978 - 7 - 5650 - 1373 - 7　　　　　　定价: 35.00 元
如果有影响阅读的印装质量问题,请与出版社市场营销部联系调换。

前　言

　　工业革命以来，随着世界各国工农业的迅速发展，环境污染问题也日趋严重，对地球生态系统和人类社会造成了严重的负面影响。各种物理的、化学的、生物的环境净化技术和方法应用而生。近年来，随着纳米技术的兴起和发展，各种纳米材料、纳米技术被广泛应用到环境净化领域，一场以节省资源和能源，保护生态环境的新的工业革命正在兴起。

　　纳米技术是在纳米尺度范畴（1~100nm）研究物质的物理和化学特性及其应用的一门新兴科学与技术。纳米技术与信息技术和生命科学技术被公认为21世纪三大主导科学技术。由纳米级结构单元构成的纳米材料，在光、电、磁、热、机械等性能方面与普通材料有很大不同，具有辐射、吸收、催化、吸附等许多新特性。纳米材料、纳米结构和纳米技术的应用不但节省资源，而且能源的消耗少，同时在治理环境污染方面也将发挥重要的作用。

　　全书共分为7章，第1章是绪论，主要介绍纳米技术的发展及纳米技术在环境保护中的应用情况；第2章介绍了纳米材料的结构与性能；第3章介绍了纳米材料的制备及表征；第4章介绍了纳米材料在水处理中的应用；第5章介绍了纳米材料在治理大气污染以及噪声污染、固体垃圾、防止电磁辐射和环境监测中等方面的应用；第6章介绍纳米材料在开发清洁能源领域中的应用。特别要说的是本书的第7章介绍了纳米技术和纳米材料的安全性问题。虽然纳米技术与纳米材料惊人的发展速度以及由此带来巨大的经济和社会效益是有目共睹的，但是纳米材料和纳米技术的发展有无负面影响，对人类健康、环境和生态有无潜在危害呢？科技界认为必须进行负面效应和社会意义的研究，准确地说，同任何强大的科学技术一样，纳米技术也有不可预测的结果，纳米材料和纳米技术是具有双刃性的，因此，我们不能让DDT和六六六的问题再次出现，必须从一开始就予以关注并进行研究，客观地分析纳米技术和纳米材料优越性及可能存在的问题，将其可能对人类和地球村产生的不良影响降到最低限度。

　　本书的编写和出版得到了我院院长孙晓峰教授及教务处、园林园艺系领导和同仁的关心和指导，同时得到安徽省高职高专人才培养（环境监测与治理技术专业带头人）项目基金和安徽省教育厅自然科学研究项目——"纳米铂修饰多元纳米结构活性电极的构建及在 COD 测定中的应用（项目编号：KJ2012B092）"的研究经费以及院级教学改革专业（环境监测与治理技术专业）建设经费的支持，在此深表感谢。本书或多或少地借鉴和参考他人的某些研究成果，虽然书中已列出主要参考文献，但仍不免有遗漏之处，诚请谅解。

　　由于本人能力和水平有限，书中错漏难免，恳请同仁批评指正。

吴何珍

2013 年 2 月

目　录

第1章 绪 论

在进入充满生机与挑战的 21 世纪的今天，人类正面临着人口、资源、能源和环境问题的严峻挑战，协调环境保护与可持续发展已刻不容缓；与此同时，以纳米技术、信息技术和生物技术为龙头的新技术的迅速发展为这些问题的解决提供了新的手段和方法，并正在引发一场新的产业革命，推动知识经济的发展。毫无疑问，作为 21 世纪三大主导技术之一的纳米技术，将在这场革命中发挥关键的作用。诺贝尔奖获得者罗雷尔曾说过："20 世纪 70 年代重视微米技术的国家如今都成为发达国家，现在重视纳米技术的国家很可能成为下一世纪的先进国家"。近年来美、日、欧掀起的"纳米热"，正是因为认识到纳米技术在新经济中的主宰地位，认识到纳米技术在新产业上的革命作用的结果。在富有挑战性的 21 世纪前 20 年，纳米技术将成为世界先进国家争夺的战略制高点，纳米技术产业发展的水平将决定着一个国家在世界经济中的地位。

纳米技术对社会发展、经济繁荣、国家安全和人们生活水平的提高所产生的影响是无法估量的。纳米材料作为这一场产业革命的主角，将在信息、材料、能源、环境、医疗、卫生、生物、农业等多学科的深入发展中起到重要的基础性作用；同时将引起产业结构的重大变化，成为 21 世纪新的经济增长点，并为新经济创造财富。纳米技术在环境保护中的广泛应用，将会改变我们传统的环境保护观念，利用纳米技术解决环境问题必将成为未来环境保护发展的趋势。毫无疑问，随着对纳米材料的深入研究及应用，纳米科技正揭开其神秘的面纱，向我们展示其无比奥妙的"庐山真面目"。

1. 纳米技术的基本概念及研究领域

纳米（nanometer）是一长度单位，用 nm 表示，$1nm = 10^{-9}m$。而纳米技术是 20 世纪 80 年代末诞生并正在崛起的新技术，它的基本涵义是在纳米尺寸（$10^{-9} \sim 10^{-7}m$）范围内认识和改造自然，通过直接操作和安排原子、分子创造新的物质。它是现代物理（介观物理、量子力学和混沌物理等）和先进工程技术（计算机、微电子和扫描隧道显微镜等技术）结合的产物。

纳米技术的研究对象是由尺寸在 1～100nm 之间的物质组成的体系的运动规律和相互作用以及可能在实际应用中的技术问题。纳米科学所研究的领域是人类过去从未涉及的非宏观、非微观的中间领域，即所谓的介观领域，是多种学科的交叉汇合点，它开辟了人类认识世界的新层次，也使人们改造自然的能力直接延伸到分子、原子水平，这标志着人类的科学技术进入了一个新时代——纳米科技时代。根据纳米科技与传统学科领域的结合，可将纳米科技分为：①纳米化学；②纳米材料学；③纳米体系物理学；④纳米电子学；⑤纳米生物学；⑥纳米加工学；⑦纳米力学。这 7 个部分是相对独立又相互交叉、渗透的。

2. 纳米技术的发展历史和现状

纳米技术是 20 世纪 80 年代末至 90 年代初正式诞生的一门新兴科学技术，其形成历史可大致概括如下。

1959 年，著名物理学家、诺贝尔奖获得者理查德·费曼预言，人类可以用小的机器制作更小的机器，最后将变成根据人类意愿逐个地排列原子，制造产品，这是关于纳米技术最早的梦想。

20 世纪 60 年代，东京大学的久保良吾（Kubo）就提出了有名的"Kubo 效应"，认为金属超微粒子中的电子数较少，而不遵守 Fermi 统计，并证实当结构单元小于与其特性有关的临界长度时，其特性就会发生相应的变化。20 世纪 70 年代，科学家开始从不同角度提出有关纳米技术的构想，1974 年，科学家唐尼古奇最早使用纳米技术一词描述精密机械加工。

到 20 世纪 70 年代末 80 年代初，随着干净的超微粒子的制取及研究，"Kubo 效应"理论日趋完善，为日后纳米技术理论研究打下了基础。1982 年，科学家发明研究纳米的重要工具——扫描隧道显微镜，为我们揭示了一个可见的原子、分子世界，对纳米科技发展起到了促进作用。

纳米技术在 20 世纪 80 年代末至 90 年代初得到了长足发展，并逐步成为一个纳米技术体系。1990 年 7 月，第一届国际纳米科学技术会议在美国巴尔的摩召开，标志着纳米科学技术正式诞生；会议正式提出了纳米材料学、纳米生物学、纳米电子学和纳米机械学的概念，并决定出版《纳米技术》、《纳米结构材料》和《纳米生物学》3 种国际性专业期刊。归纳起来，纳米材料的研究发展阶段大致分为 3 个阶段。

第一阶段（1990 年以前）：主要是在实验室探索用各种手段制备各种材料的纳米粉体，合成块体（包括薄膜），研究评估表征的方法，探索纳米材料不同于常规材料的特殊性能。对纳米颗粒和纳米块体材料结构的研究在 20 世纪 80 年代末一度形成热潮，研究的对象一般局限在单一材料和单相材料，国际通常把这类材料称纳米晶或纳米相（nanocrystalline or nanophase）材料。以在美国巴尔的摩召开的第一届国际纳米科学技术会议为标志，正式把纳米材料科学作为材料科学的一个新分支公布于世。这标志着纳米材料学作为一个相对比较独立的学科的诞生。从此以后，纳米材料引起了世界各国材料界和物理界的极大兴趣和广泛重视，很快形成了世界性的"纳米热"。

第二阶段（1994年以前）人们关注的热点是利用纳米材料已挖掘出来的奇特物理、化学和力学性能，设计纳米复合材料，通常采用纳米微粒和纳米微米复合（0-0复合），纳米微粒与常规块体复合（0-3复合）及发展复合纳米薄膜（0-2复合），国际通常把这类材料称为纳料复合材料。这一阶段纳料复合材料的合成及物性的探索一度成为纳料材料研究的主导方向。以第二届国际纳米材料学术会议为标志，会议认为对纳米材料微结构的研究应着眼于对不同类型材料的具体描述。

第三阶段（1994年至今）：纳料组装体系（nanoxtructured assembling system）、人工组装合成的纳米结构的材料越来越受到人们的关注，或者称为纳米尺度图案材料（patterning materials on the nanometer scale）。它的基本内涵是以纳米颗粒以及纳米丝、管为基本单元在一维、二维和三维空间组装排列成具有纳米结构的体系，其中包括纳米阵列体系、介孔组装体系、薄膜嵌镶体系。纳米颗粒、纳米丝、纳米管可以有序的排列。这一阶段纳米材料的研究特点在于按人们的意愿设计、组装和创造新的体系，更有目的地使该体系具有人们所希望的特性。

纳米科技已经取得了很多崭新的研究成果，其基础研究和应用研究的衔接十分紧密，实验成果的转化速度很快。1989年斯坦福大学搬动原子团写下了"斯坦福大学"的英文名称；1991年日本首次发现纳米碳管，立刻引起纳米碳管的研究热；1992年日本着手研究能进入人体血管进行手术的微型机器人，从而引发一场医学革命；1993年中国科学院操纵原子写出"中国"二字，标志着中国开始在国际纳米领域占有一席之地；1994年美国着手研制"麻雀"卫星、"蚊子"导弹、"苍蝇"飞机、"蚂蚁"士兵等微型武器；到1995年至1996年中国实现了纳米碳管的大面积定向生长；1997年法国和美国合作共同研制成功第一个分子放大器；1998年纳米金刚石粉在我国研制成功，同年，英国成功制备出了量子磁盘并迅速转化为产品；1999年，韩国制成纳米碳管阴极彩色显示器样管，同年英国研制成功100nm芯片；2000年日本制成纳米碳管场发射器样管，美国研制出量子计算机和生物计算机。据估计，纳米技术目前的发展水平与20世纪50年代的计算机和信息技术类似。致力于这一领域的多数科学家预计，纳米科技的发展将对许多其他方面的技术产生广泛而重要的影响，因此世界各国加紧了对纳米技术研究的投入。1997年全世界对纳米技术投入的研究经费就接近5亿美元，其中西欧1.28亿美元，日本为1.2亿美元，英国为

1.16亿美元，而其他各国和地区总计才0.7亿美元。到21世纪初，2001年美国财政年度增加近5亿美元用于发展纳米技术，并成立了纳米科学技术工程协作小组（IWGN），准备成立10个纳米中心；日本决定从2001年起开始实行"官产学"联合攻关的方法加速开发纳米技术，其投入研究经费约3.1亿美元，成立了专门的纳米材料研究中心，并拟组建"世界材料中心"；德国拟建立5个具有竞争力的纳米技术中心、研究课题范围很广，涉及从分子结构到超精密生产各个方面，英国也制订了纳米技术研究计划，在机械、光学、电子学等领域选了8个项目进行研究；法国决定投资2亿法郎建立1个微米/纳米技术发展中心，并成立微米纳米技术之家。自20世纪80年代中期以来，纳米科学和纳米技术在我国越来越受到重视，约3000名研究人员正致力于这一领域的研究工作，为期10年的"纳米科学攀登计划"（1990~1999年）和一系列先进材料的研究计划是其核心活动。中国科学院资助相对较大的研究团队，而中国国家自然科学基金主要为个人研究计划提供支持；中国物理学会和中国粒子学会致力于纳米技术传播。目前，我国有实力的研究领域是纳米探针和运用纳米管的生产工艺的开发。但总体上我国在纳米科技领域与发达国家仍然存在很大差距，尤其在纳米器件研制方面，这将对我国未来纳米产业参与世界竞争极为不利。因此，我们要抓住机遇，迎接挑战，力争在国际纳米研究领域中占据一席之地。

3. 纳米材料在高科技领域中的应用简介

在高技术基础上发展起来的高科技产业是衡量一个国家科学技术和经济实力的标志之一，高科技及其相应的产业在各发达国家国民经济中都占有重要地位。纳米科技横跨多个学科，涉及包括物理、化学和生物学等在内的所有与材料有关的学科领域。着纳米科技的不断发展，对许多传统科技领域乃至整个社会都将产生巨大的影响，使得纳米技术在高科技领域中的地位越发重要，同时也为人们展示了其巨大的市场潜力。目前，全世界纳米科技的应用每年可创造500亿美元的营业额，而且，据预测，10年后的纳米科技市场容量可达14400亿美元。纳米材料在高科技领域中的应用及可能的突破主要有以下几个方面。

（1）材料与制造

纳米材料从根本上改变了材料和器件的制造方法：从原子和分子开始制造材料和产品，所消耗的能源少，造成的污染程度低，是对目前制造业的一场革命，其主要应用有：具有严格形状而不需再加工的纳米结构和陶瓷部件；具有阻燃、防静电、高介电、吸收散射紫外线和吸收与反射不同频段的红外隐身功能涂层材料；新的智能生物材料和仿生材料；应用于切割、电学、化学和结构方面的纳米碳化物材料。

（2）能源与环境

纳米科技对能源的开发与利用有着巨大的潜在市场：新型光电转换、热电转换材料及应用；高效太阳能转换材料及二次电池材料；纳米碳管的高效储氢及应用；纳米材料在海水提氢中的应用。纳米材料还可用于监测和减轻环境污染，减少污染物的排放，光催化有机物降解材料；生态建材；清理污染的多孔材料；取代金属的高分子纳米颗粒复合材料；监测及处理有害气体减少环境污染的材料等。

（3）纳米电子学和计算机技术

微电子科技的飞速发展改变了每个现代人的生活，新的物理现象如量子导电效应、量子干涉效应及单电子器件等的相继出现使纳米器件和技术的发展对计算机和通讯技术带来了新的突破：低能耗、低成本、高效率的纳米微处理机；电子和电力工业材料、新一代电子封装材料、厚膜电路用基板材料、各种浆料、用于电力工业的压敏电阻、线性电阻、非线性电阻和避雷器阀门；新一代的高性能 PTC、NTC 和负电阻温度系数的纳米金属材料；用于大屏幕平板显示的新型发光材料，包括纳米稀土材料；超高磁能第四代稀土永磁材料；具有折叠性和高柔韧性的有机化合物器件和计算机等。

（4）医学与健康

生命系统是由纳米尺度上的分子行为所控制的，如生物体内的核酸、类脂物、碳氢化合物及多种病毒等都是纳米粒子。因此，纳米科技在医学上的应用将带来一场革命：快速有效决定基因序列，使整个诊断和治疗过程效率大大提高，利用遥控和血管内的微型器件进行有效和低成本健康保健；新的药物运输方式已突破体内目前药物不可进入的禁区；与生物兼容的高性能材料，如永久性和抗排斥的人造肌肉、皮肤和器官等；纳米级生物材料；保洁抗菌涂层材料等。

（5）航空与航天

纳米技术在航空航天领域的应用，不仅能增加有效载体，更重要的是使耗能指标呈指数倍地降低。纳米结构的材料可具备质轻、高强度和热稳定性能，可用于轻型航空航天器、经济的能量发生器和控制器、微型机器人等；低能耗、高性能的抗辐射计算机；纳米结构的传感器和纳米电子器件所组成的空间探索发电和电子系统；抗热障、耐磨损的纳米涂层材料，超硬、耐高温材料等。

（6）国防

由于纳米科技对经济社会的广泛渗透性，拥有纳米知识产权和广泛应用纳米技术的国家，必将在国防现代化中处于有利地位。纳米技术在国防现代化中的未来发展可概括为：高性能通信和计算机设备；基于纳米电子学的新型虚拟训练系统；迫切需要的探测化学、生物、原子核武器的敏感系统等。

21世纪前20年，是国际纳米科技发展的关键时期，纳米技术将给各个领域的快速发展带来新的机遇。我国自20世纪80年代以来国民经济进入了良性循环时期，但是，由于我国经济基础薄弱，主要依靠传统产业，高科技产业对我国的GDP值的贡献比例还很小。因此，我国的国情决定了我国发展纳米科技要以纳米技术为契机，解决当前国民经济发展和支撑产业中亟待解决的问题。纳米技术应首先向传统产业切入，调整产品结构，注入高科技含量，实现传统产业的升级；其次要寻找机遇向高科技产业渗透，特别重视在环境、能源、医药和国防领域中应用纳米科技，培育新兴纳米产业，逐步形成产业链，使这些产业的起点定位于21世纪该产业的技术制高点上。在信息、宇航、生物技术和新材料等方面，虽然目前纳米技术水平较发达国家有一定差距，但也存在局部机遇，只要选准切入点，在某些方面形成具有知识产权的新的平台，进而发展成纳米高科技产业是完全有可能的。根据国际纳米科技发展的趋势，结合我国的实际情况，应重点发展以下纳米产业：

① 特种纳米材料，如纳米碳管、纳米稀土材料、高含能纳米材料、羟基镍、纳米硅及其化合物粉体等；

② 膨润土自组织纳米结构的工程塑料和橡胶产业；

③ 纳米电子陶瓷基料和添加材料的产业；

④ 下一代磁性材料产业，如高密度垂直磁记录存储纳米材料、超高磁能级纳米复合稀土永磁材料等；

⑤ 常规材料表面纳米化，如纳米功能涂层、纳米建筑涂层、纳米固体润滑产品等；

⑥ 信息产业中的纳米技术，如网络通讯中的纳米器件产业、数字高清晰度显示器产业等；

⑦ 能源环境中的纳米产业，如纳米结构净化剂和助燃剂产业、纳米光催化材料产业等；

⑧ 纳米生物医药产业。

4. 纳米科技在环保领域中应用的重要意义

20世纪是经济飞速发展的年代，也是环境破坏最严重的年代。以往人类经济发展的每一个里程碑都是以环境的极大破坏为代价的。人们在创造生产奇迹的同时，也留下了无数环境灾难：水土流失，川洪暴发，环境污染，气候变暖……这些沉痛的教训印证了恩格斯在《自然辩证法》一书中的誓言："我们不要过分陶醉于我们对自然界的胜利。对于每一次这样的胜利，自然界都报复了我们。每一次胜利，在第一步都确实取得了我们预期的结果，但是在第二步和第三步却有了完全不同的、出乎预料的影响，常常把第一个结果又取消了。"事实告诉我们，人类社会同自然环境有着不可侵害的联系，人口、经济、社会、资源、环境必须协调发展。

我国是一个人口众多的国家，自然资源相对短缺，经济发展与环境保护的矛盾日益突出。根据国家环保总局组织的研究结果显示，1986年全国生态破坏造成的直接经济损失和间接经济损失值为831.4亿元；"八五"期间，随着国民经济的快速增长，生态环境破坏加剧，1994年因生态环境破坏造成的经济损失约为4201.6亿元，接近同年GDP的10%。国土资源部《2012中国国土资源公报》显示，全国198个地市级行政区4929个地下水水质监测点，近六成地下水为"差"，其中16.8%监测点水质呈极差级。已发现的有机化学污染物多达2000多种，其中在饮用水中确认的致癌物质达20种左右，可疑致癌物质23种，促癌物质18种，致突变物质56种；饮用水水质的恶化严重威胁着人们的健康。去除水中的有毒、有害化学物质已成为环保领域的一项重要工作。2012年12月18日，北京大学公共卫生学院曾发布中国第一份空气污染致人死亡研究报告——《危险的呼吸——PM2.5的健康危害和经济损失评估研究》指出：在现有的空气质量下，2012年北京、上海、广州、西安四城市因PM2.5污染造成的早死人数将高达8572人，因早死而导致的经济损失达68亿元人民币。2013年3月15日，国家环境保护部吴晓青副部长就"环境保护与生态文明建设"相关问题答记者问中说道："一些大中城市的雾霾不断发生，尤其是在京津冀、长三角、珠三角出现的频次和程度最为严重。主要是因为在这三个区域，虽然国土面积仅占我国国土面积的8%左右，却消耗全国42%的煤炭、52%的汽柴油，生产55%的钢铁、40%的水泥，二氧化硫、氮氧化物和烟尘的排放量均占全国的30%，单位平方公里的污染物排放量是其他地区的5倍以上。这些污染物的大量排放，既加剧了PM2.5的排放，更加重了霾的形成"。因此，如何根据我国国情，选择有利于节约资源和保护环境的产业结构和消费方式，协调经济发展与环境保护的关系是亟待解决的一项重要课题。吴晓青还说："我们现在治理大气污染难度更大、困难更多，其中一个很重要的原因是，我们现在面对的大气污染成因复杂，我们既要对一次污染物进行治理和控制，还要对二次污染物进行控制；我们既要治理常规污染物，还要治理细颗粒物污染等新出现的大气污染问题，难度非常大。欧美国家在上世纪70年代到90年代以治理二氧化硫、氮氧化物为主，上世纪90年代到2010年开始转向以治理细颗粒物PM2.5为主，取得了很好成效。但是对我们来说，中国国情决定了城市化、工业化的快速发展，我们现在既要治理二氧化硫、氮氧化物，更要加大治理细颗粒物PM2.5的力度，其复杂性可想而知。靠什么呢？必须依靠科技。科技是解决环境问题的利器。"

　　作为 21 世纪科技三大支柱之一的纳米科技，为解决环境保护与经济发展的矛盾提供了技术支持。由于纳米科技是从原子、分子这样的纳米尺度出发制造材料和开发产品，一方面，其生产过程对原材料消耗少，对环境造成的污染程度低，有利于实现产品的清洁生产；另一方面，纳米科技将有力地推动产品的微型化及其性能的改善，以提高对资源的利用率并使其对环境友好化。此外，纳米材料和技术本身在新型清洁能源的开发利用、环境污染监测与治理等方面有着广阔的应用前景。总之，纳米技术的发展为节约资源、保护环境、实现可持续发展提供了一种有效的技术保障。

第2章 纳米微粒基本理论及其特性

纳米微粒从广义来说是属于准零维纳米材料范畴，尺寸的范围一般在 $1\sim100nm$。材料的种类不同，出现纳米物理效应的尺度范围也不一样，金属纳料粒子一般尺度比较小。本章将要介绍的纳米微粒的基本物理效应都是在金属纳米微粒的基础上建立和发展起来的。实际上，这些基本物理效应及相应理论不仅适合纳米微粒，也适合团簇和亚微米超微粒子。

2.1 纳米微粒的基本理论

1. 量子尺寸效应

当粒子尺寸下降到某一数值时，金属费米能级附近的电子能级由准连续变为离散的现象，以及纳米半导体微粒存在不连续的被占据的最高分子轨道能级和未被占据的最低分子轨道能级，同时能隙变宽的现象均称为量子尺寸效应。能带理论表明，金属费米能级附近的电子能级一般是连续的，这一点只有在高温或宏观尺寸情况下才成立。对于只有有限个导电电子的超微粒子来说，在低温下能级是离散的。这是由于大粒子或宏观物体因包含的原子数目极大，可认为其导电电子数 $N\to\infty$，从而能级间距 $\delta\to 0$；纳米微粒因其所含原子数有限，导电电子数少，从而导致占具有一定值而发生能量间距分裂。金属纳米粒子费米面附近电子能级状态分布可由久保（Kubo）理论及相应的电子能级的统计学与热力学理论描述。

如果平均能级间距大于热能、磁能、静磁能、静电能、光子能量或超导态的聚集能时，则量子尺寸效应得以显现，纳米微粒表现为具有与宏观特性显著不同的磁、光、声、热、电以及超导电性：如纳米微粒的比热容发生反常变化、磁矩大小与所含电子奇偶性有关；光谱线向短波长方向移动、催化活性与粒子所含电子数奇偶有关，金属导体变成半导体或绝缘体等。

2. 小尺寸效应

当超细微粒子尺寸减小至与物理特征尺寸（如光波波长、德布罗意波长以及超导态的相干长度或透射深度等）相当或更小时，由于晶体周期性的边界条件被破坏，非晶态纳米微粒的颗粒表层附近原子密度减小，使得材料宏观物理化学性质呈现新的变化，称之为小尺寸效应。如光吸收显著增加，产生吸收峰的等离子共振频率；磁有序态向磁无序态、超导相向正常相的转变；声子谱发生改变等。纳米微粒的小尺寸效应在许多实用技术领域得到应用。例如：强磁性颗粒（Fe—Co合金、氧化铁等），当颗粒尺寸为单磁畴临界尺寸时，具有很高的矫顽力，可用于制作磁性信用卡、磁性钥匙、磁性车票等，也可制成磁性液体，用于电声器件、阻尼器件、旋转密封、润滑、局部的噪声控制和选矿等领域。纳米尺度的金属微粒的熔点要远低于块状金属，如2nm的金纳米颗粒熔点为600K，而块状金的熔点为1337K。这种特性为粉末冶金提供了新工艺。

微粒超细化至纳米范畴后，晶界数量大幅度增加，材料的强度、韧性和超塑性大为提高，如纳米铜的强度比普通铜高5倍；纳米相陶瓷是摔不碎的。陶瓷材料在通常情况下呈现脆性，而由纳米微粒制成的纳米陶瓷材料却具有良好的韧性，这是由于纳米微粒制成的固体材料具有大的界面，界面原子排列相当混乱。原子在外力变形条件下自己容易迁移，因此表现出甚佳的韧性与一定的延展性，使陶瓷材料具有新奇的力学性能。"摔不碎的陶瓷碗"就是纳米陶瓷材料制成的。又如，利用等离子共振频率随颗粒尺寸变化的性质，通过改变颗粒尺寸，控制吸收边的位移，制造具有一定频宽的微波吸收纳米材料，用于电磁屏蔽、隐形飞机等。

3. 表面效应

表面效应是指纳米粒子的表面原子数与总原子数之比随着纳米粒子尺寸的减小而大幅度地增加，粒子的表面能及表面张力也随着增加，从而引起纳米粒子性质的变化。

球形颗粒的表面积与直径平方成比例，其体积与直径的立方成正比，故其比表面（表面积体积）与直径成反比，即随着颗粒直径变小，比表面积会显著增大。当微粒直径（如大于 $0.1\mu m$）远大于原子直径时，表面原子作用由于其所占总数比例低而可以忽略。但当粒子直径处于纳米范畴时，位于表面的原子占了相当大的比例，从而导致比表面积急剧变大，表面能高，此时表面原子的数目及作用就不能忽略。固体表面原子与内部原子由于所处的位置环境不同而具有不同的能量和活性。以纳米 Cu 为例，纳米微粒粒径从 $100\mu m \rightarrow 1nm$ 时，Cu 微粒的比表面积和比表面能增加了20 个数量级（见表 2-1）。

表 2-1　纳米 Cu 微粒的粒径与比表面积、表面原子数比例、比表面能
和一个粒子中的原子数的关系

粒径 d/nm	Cu 的比表面积 $/(m^2 \cdot g^{-1})$	表面原子数 比例/%	一个微粒中 的原子数/个	比表面能 $/(J \cdot mol^{-1})$
100	6.6		8.46×10^7	5.9×10^2
20		10		
10	66	20	8.46×10^4	5.9×10^3
5		40	1.06×10^4	
2		80		
1	660	99		5.9×10^4

　　由于表面原子数所占比例增大，原子配位不足，存在许多悬空键，并具有不饱和性质，又具有高的表面能，表面原子很不稳定，极易与其他原子结合或反应，因此，使这些纳米微粒具有优良的吸附和化学反应活性。例如，刚刚制备出的纳米金属粒子，如果不经过钝化处理在空气中会自燃；无机的纳米粒子暴露在空气中会吸附气体，并与气体进行反应。如图2-1 所示的是单一立方结构的晶粒的二维平面图，实心圆和空心圆分别代表位于表面和内部的原子，假定晶粒为圆形，颗粒尺寸为 3nm，原子间距约为 0.3nm。很明显，实心圆的原子近邻配位不完全，存在缺少一个近邻的"E"原子，缺少两个近邻的"D"原子和缺少 3 个近邻配位的"A"原

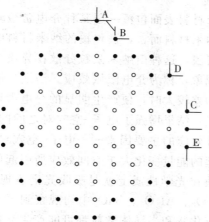

图 2-1　单一立方结构的晶粒的二维平面图
实心圆：位于表面的原子；空心圆：位于内部的原子

子。像"A"这样的表面原子极不稳定，或很快跑到"B"位置上，与其他原子结合，或吸附其他原子，使其稳定化。这种表面原子的活性不但引起纳米粒子表面原子传输和构型的变化，而且也引起表面电子自旋构象和电子能谱的变化，这就是纳米微粒具有活性的原因。

纳米粒子的表面吸附特性也引起了人们极大的兴趣。尤其是一些特殊的制备工艺，例如氢电弧等离子体方法，在纳米粒子的制备过程中就有氢存在的环境。实验表明：纳米过渡金属有储存氢的能力。在纳米晶过渡金属中的氢可以分为在表面上吸附的氢和作为氢与过渡金属原子结合而形成的固溶体形式的固体氢。在纳米晶过渡金属中的氢的行为奠定了纳米晶过渡金属功能应用的实验基础。随着氢的含量的增加，纳米金属粒子的比表面积或活性中心的数目也大大增加。

4. 宏观量子隧道效应

微观粒子具有贯穿势垒的能力称为隧道效应。近年来，人们发现一些宏观量，例如微颗粒的磁化强度、量子相干器件中的磁通量以及电荷等亦具有隧道效应，它们可以穿越宏观系统的势垒而产生变化，故称为宏观量子隧道效应 MQT（macroscopic quantum tunneling），用这个概念可定性解释超细镍微粒在低温下继续保持超顺磁性。Awschalom 等人采用扫描隧道显微镜技术控制纳米尺度磁性粒子的沉淀，用量子相干磁强计（SQUID）研究低温条件下微颗粒磁化率对频率的依赖性，证实了在低温下确实存在磁的宏观量子隧道效应。这一效应与量子尺寸效应一起，确定了微电子器件进一步微型化的极限，也限定了采用磁带磁盘进行信息存储的最短时间。

5. 介电限域效应

当在半导体纳米材料表面包覆一层某种介电常数较小的介质时，相对于未包覆的半导体纳米材料而言，被包覆的纳米材料中电荷载体的电场线更容易穿过这层包覆膜，这种由纳米微粒分散在异质介质中由于界面引起的体系介电增强的现象，称为介电限域效应。当纳米微粒材料的介电常数与介质的介电常数相差较大时，便产生明显的介电限域效应，这时带电粒子的库仑作用力增强，结果增强了电子-空穴对之间的结合能和振子强度，减弱了产生量子尺寸效应的主要因素——电子-空穴对之间的空间限域能，即此时表面效应引起的能量变化大于空间效应所引起的能量变化，从而使能带间隔减小，反映在光学性质上就是吸收光谱表现出明显的红移现象。近年来，在纳米 Fe_2O_3、Al_2O_3、SnO_2 中均观察到了红外振动吸收。一般来说，过渡族金属氧化物和半导体微粒都可能产生介电限域效应。纳米微粒的介电限域对光吸收、光化学、光学非线性等会有重要的影响。因此，我们在分析这一材料光学现象的时候，既要考虑量子尺寸效应，又要考虑介电限域效应。布拉斯（Brus）公式可用于分析介电限域对光吸收带边移动（蓝移、红移）的影响。

2.2 纳米微粒的物理特性

由纳米微粒所具有的大的比表面积、比表面原子数、表面能而产生的小尺寸效应、表面效应、量子尺寸效应及量子隧道效应都是纳米微粒与纳米固体的基本特性。这些特性使得纳米微粒和纳米固体在热、磁、光、敏感特性和表面稳定性等方面呈现出不同于常规材料的特殊物理性质，因而在包括环境保护在内的众多领域内有着广泛的应用前景。

1. 热学性能

纳米微粒的熔点、开始烧结温度和晶化温度均比常规粉体低很多。其原因是，纳米微粒的粒径小、表面能高、比表面原子数多，其表面原子近邻配位不全、活性大，纳米粒子熔化时所需的内能小得多。如平均粒径为40nm 的纳米 Cu 粒子熔点为 1023K，比大块 Cu 的熔点降低了 573K；纳米尺度的 Ag 微粒在 373K 左右就开始熔化，常规 Ag 的熔点为 1173K 左右。

烧结温度是指把粉末先高压成形，然后在低于熔点温度下使这些粉末互相结合成块，密度接近常规材料密度的最低加热温度。纳米微粒的烧结温度远低于常规材料，例如，常规氧化铝（Al_2O_3）烧结温度在 $2073\sim2173K$ 之间，在一定条件下，纳米 Al_2O_3 可在 $1423\sim1773K$ 之间烧结，致密度可达 99.7%。常规氮化硅（Si_3N_4）烧结温度高于 2273K，纳米 Si_3N_4 烧结温度降低 673K 至 773K。纳米氧化钛（TiO_2）在 773K 加热呈现出明显的致密化，只是晶粒有微小增加，致使纳米微粒 TiO_2 在比大晶粒样品低 873K 的温度下烧结就能达到类似的硬度。

非晶纳米微粒的晶化温度低于常规粉末。常规非晶氮化硅在 1793K 才能晶化成 α 相，纳米非晶氮化硅在 1673K 加热 4h 即全部转换成 α 相，纳米微粒开始长大，温度随晶粒的减小而降低。

2. 磁学性能

纳米微粒具有一般粗晶粒材料所没有的主要磁学特性，这可从超顺磁性、矫顽力、居里温度及磁化率几个方面评价。

（1）超顺磁性

纳米微粒尺寸小到一定临界值时即进入超顺磁状态，而不存在固定的易磁化方向，这时磁化率 χ 不再服从居里-外斯定律。如 α—Fe、Fe_3O_4 和 α—Fe_2O_3 在粒径分别为 5nn、16nm 和 20nm 时就变成了超顺磁体。产生超顺磁状态的主要原因为：在纳米尺度，微粒各向异性能已减小到与热运动能可相比拟，因此磁化方向就不再固定而呈易磁化方向做无规律的变化，从而导致超顺磁性的出现。当然不同种类的纳米磁性微粒显现超顺磁的临界尺寸是不相同的。

（2）矫顽力

纳米微粒尺寸高于超顺磁临界尺寸时通常呈现高的矫顽力 H_c。如用惰性气体蒸发冷凝的方法制备的纳米铁微粒，当粒径为 16nm 时，其矫顽力在室温下为 7.96×10^4 A/m，而常规的 Fe 块体矫顽力通常低于 79.62A/m，前者为后者的 1000 倍。对于纳米微粒具有高矫顽力的解释存在一致转动模式和球链反转磁化模式两种观点。一致转动磁化模式认为：当粒子尺寸小到某一尺寸时，每个粒子就是一个单磁畴，例如对于 Fe 和 Fe_3O_4 单磁畴的临界尺寸分别为 12nm 和 40nm。每个单畴的纳米微粒实际上成为一个永久磁铁，要使这个磁铁去掉磁性，必须使每个粒子整体的磁矩反转，这需要很大的反向磁场，即具有较高的矫顽力。但一些实验表明，纳米微粒的 H_c 测量值与一致转动的理论值不相符合，例如，粒径为 65nm Ni 微粒具有大于其他粒径微粒的矫顽力，$H_{max} \approx 1.99 \times 10^4$ A/m，这远低于一致转动的理论值 $H_c \approx 1.27 \times 10^5$ A/m。因此。有人认为，纳米微粒 Fe、Fe_3O_4 和 Ni 等的高矫顽力的来源应当按静磁作用下球型纳米微粒形成链状来解释，故采用球链反转磁化模式来计算纳米微粒的矫顽力。

（3）居里温度

居里温度 T_c 为衡量物质磁性的重要参数，通常与交换积分 J_c 成正比，并与原子构型和间距有关。研究表明，纳米微粒具有较低的居里温度，主要是由于小尺寸效应和表面效应所导致纳米粒子内在的磁性变化。例如 85nm 粒径的 Ni 微粒的居里温度约 623K，对平均粒径为 9nm 的样品，其 T_c 值近似估计为 573K，低于 85nm 时的 T_c（623K）。

许多实验证明，纳米微粒内原子间距随粒径下降而减小。Apai 等人用 EXAFS 方法直接证明了 Ni、Cu 的原子间距随着颗粒尺寸减小而减小。Standuik 等人用 X 射线衍射法表明 5nm 的 Ni 微粒点阵参数比常规块材收缩 2.4%。因此，根据铁磁性理论，纳米 Ni 微粒的居里温度随粒径的减小而有所下降是由于纳米 Ni 微粒中的原子间距随粒径的减小而减小所导致的。

（4）磁化率

纳米微粒所含总电子数的奇偶性直接影响到它的磁性。每个微粒的电子可以看成一个体系，电子数的宇称可为奇或偶。一价金属的微粉，一半粒子的宇称为奇，另一半为偶，两价金属粒子的宇称为偶，电子数为奇数或偶数的粒子磁性有不同温度特点，电子数为奇数的粒子集合体的磁化率

χ服从居里-外斯定律，$\chi = \dfrac{C}{T - T_c}$，量子尺寸效应使磁化率遵从 d^{-3} 规律；电子数为偶数的系统，$\chi \propto K_B T$，并遵从 d^2 规律。它们在高场下为包利顺磁性。纳米磁性金属的 χ 值是常规金属的 20 倍。

3. 光学性能

表面效应和量子尺寸效应使纳米微粒具有同质的宏观大块材料不具备的光学特性，其主要表现为：宽频带强吸收、吸收峰位的蓝移和红移、纳米微粒的发光等几方面。

（1）宽频带强吸收

金属具有不同颜色的光泽，这表明其对可见光范围各种波长的反射和吸收能力不同。当金属微粒尺寸减小到纳米量级时，它们几乎都呈黑色。这表明它们对可见光的反射率极低，例如铂金纳米粒子的反射率为 1%，金纳米粒子的反射率小于 10%。这种对可见光低反射率、强吸收率的特性导致粒子变黑。

不仅是金属，在非金属中也存在类似的情况。纳米氮化硅、碳化硅及氧化铝粉对红外有一个宽频带强吸收谱。这是因为纳米粒子大的比表面导致了平均配位数下降，不饱和键和悬挂键增多。这种情况与非纳米材料不同，没有一个单一的、择优的键振动模，而存在一个较宽的继振动模的分布，在红外光场作用下它们对红外吸收的频率也就存在一个较宽的分布，这就导致了非金属纳米粒子红外吸收带的宽化。类似地，TiO_2、ZnO 和 Fe_2O_3 等许多纳米微粒对紫外光有强吸收作用，而亚微米级的 TiO_2 对紫外光几乎不吸收。这些纳米氧化物对紫外光的吸收主要来源于它们的半导体性质，即在紫外光照射下，电子被激发由价带向导带跃迁引起的紫外光吸收。

（2）吸收峰位的蓝移和红移

与大块材料相比，纳米微粒的吸收峰位普遍存在向短波长方向移动，即"蓝移"现象。例如，纳米 SiC 颗粒和大块 SiC 固体的峰值红外吸收频率分别是 $814 cm^{-1}$ 和 $794 cm^{-1}$，纳米 SiC 颗粒的红外吸收频率与大块固体 SiC 蓝移了 $20\ cm^{-1}$。纳米氮化硅颗粒和大块 Si_3N_4 固体的峰值红外吸收频率分别是 $949 cm^{-1}$ 和 $935 cm^{-1}$，纳米 Si_3N_4 颗粒的红外吸收频率与大块固体蓝移了 $14\ cm^{-1}$。可以看出，随着微粒尺寸的变小，红外吸收频率有明显的蓝移现象。纳米微粒吸收带"蓝移"的起因来源于两个方面：一是量子尺寸效应，由于颗粒尺寸下降能隙变宽，这就导致光吸收带移向短波方向。Ball 对这种蓝移现象给出了普适性的解释：已被电子占据分子轨道能级与未被占据分子轨道能级之间的宽度（能隙）随颗粒直径减小而增大，而产生蓝移，这种解释对半导体和绝缘体都适用；另一种是表面效应，由于纳米微粒颗粒小，大的表面张力使晶格畸变，晶格常数变小。对纳米氧化物和氮化物小粒子研究表明，第一近邻和第二近邻的距离变短，键长的缩短导致纳米微粒的键本征振动频率增大，结果使红外光吸收带移向短波长方向。

但在另一些情况下，粒径减小至纳米级时观察到了吸收带相对粗晶材料移向长波长方向，即所谓的"红移"现象。例如，单晶 NiO 在 200～800nm 范围内，当热解温度为 550℃时，有 6 个光吸收带（P_1～P_6），但 P_4 和 P_5 带相当弱；当 $T_P = 450$℃时，只有 P_1 带可以看见；而当 $T_P = 350$℃时，所有吸收带都完全消失。P_1～P_6 带的峰位对应的能量分别为 3.28eV、2.98 eV、2.72 eV、2.25 eV、1.91 eV 和 1.72 eV。和单晶吸收带的峰位（3.25eV、2.95eV、2.75eV、2.15eV、1.95eV 和 1.75 eV）相比，P_1、P_2 和 P_4 带蓝移，而 P_3、P_5 和 P_6 带红移。这是因为光吸收峰的位置是由影响峰位的蓝移因素和红移因素共同作用的结果：随着粒径的减小，量子尺寸效应会导致吸收带的蓝移，相应的颗粒内部的内应力（内应力 $P = 2\gamma/r$，r 为粒子半径，γ 为表面张力）会增加，这种压应力的增加会导致能带结构的变化，电子波函数重叠加大，结果带隙、能级间距变窄，这就导致电子由低能级向高能级及半导体电子由价带到导带跃迁引起的光吸收带和吸收带发生红移。纳米 NiO 中出现的光吸收带的红移是由于粒径减小时红移因素大于蓝移因素所致，反之亦然。

（3）纳米微粒的发光

纳米微粒出现了常规材料所没有的新的发光现象。普通的硅具有良好的半导体特性，但不能发光。1990 年，日本佳能公司首次在 6nm 大小的硅颗粒的试样中在室温下观察到波长为 800nm 附近有强的发光带，随着尺寸进一步减小到 4nm，发光带的短波边缘可延伸到可见光范围。多孔硅的发光与纳米尺度的量子线有密切关系，硅在多孔硅中是以纳米尺度的量子线存在，增加多孔硅的孔隙率的表面效应，使表面的硅量子点尽可能多是增加多孔硅发光的重要因素。类似的现象在许多纳米微粒中均被观察到，这使得纳米微粒的光学性质成为纳米科学研究的热点之一。

1990 年，日本佳能研究中心的研究人员发现，粒径小于 6nm 的硅在室温下可以发射可见光，随粒径减小，发射带强度增强并移向短波方向；当粒径大于 6nm 时，这种发射现象消失。Tabagi 认为，硅纳米微粒的发光是载流子的量子限域效应引起的：半导体纳米微粒的粒径小于激子玻尔半径时，电子的平均自由程度受小粒径的限制，局限在很小的范围，空穴很容易与它形成激子，引起电子和空穴波函数的重叠，产生激子吸收带。随着粒径的减小，重叠因子（在某处同时发现电子和空穴的概率）增加，则激子带的吸收系数增加，即出现激子增加吸收并蓝移，这就是所谓的量子限域效应。Brus 认为，大块硅不发光是它的结构存在平移对称性，由平移对称性产生的选择定则使得大尺寸硅不可能发光，只有当硅粒径小到某一程度时（6nm），平移对称性消失，才会出现发光现象。

掺 $CdSe_xS_{1-x}$ 纳米微粒的玻璃在 530nm 波长光的激发下会发射荧光，这是因为半导体具有窄的直接跃迁的带隙，因此在光激发下电子容易跃迁引起发光。当颗粒尺寸较小时（5nm）出现了激子发射峰。常规块体 TiO_2 是一种直接跃迁禁阻的过渡金属氧化物；带隙宽度为 3.0eV，为间接允许跃迁带隙，在低温下可由杂质或束缚态发光。但是用硬脂酸包敷后均匀分散到甲苯相中的 TiO_2 超微粒，直到 2400nm 仍有很强的光吸收，其吸收谱满足直接跃迁半导体小粒子的 Urbach 关系

$$(\alpha h\gamma)^2 = B (h\nu - E_g) \tag{2-1}$$

式中：$h\nu$——光子能量；

　　　α——吸收系数；

　　　E_g——表观光学带隙；

　　　B——材料特征常数。

根据吸收光谱（α 为波长曲线），由上式可求出，$E_g = 2.25$ eV，大大小于块体 TiO_2 的 $E_g = 3.0$eV；而且，与块体 TiO_2 不同的是，TiO_2 微粒在室温下由 380～510nm 波长的光激发可产生 540nm 附近的宽带发射峰。

此外，随粒子尺寸减小还可出现吸收的红移。初步的研究表明，室温可见荧光和吸收红移现象可能由下面两个原因引起。

①包敷硬脂酸在粒子表面形成一偶极层，偶极层的库仑作用引起的红移可以大于粒子尺寸的量子限域效应引起的蓝移，结果吸收谱呈现红移；

②表面形成束缚激子导致发光。

（4）纳米微米溶胶的光学性质

纳米微粒分散于分散介质中形成溶胶。由于纳米微粒直径比可见光的波长要小很多，因此，当一束聚集的光线通过这种溶胶时，光线将主要发生散射而形成散射光（又称乳光），即丁达尔（Tyndal）效应（见图 2-2）。

丁达尔效应与分散粒子的大小及投射光线波长有关。当分散粒子的直径大于投射光波波长时，光投射到粒子上就反射。如果粒子直径小于入射光波的波长，光波可以绕过粒子而向各方向传播，发生散射，射出来的光，即所谓乳光。由于纳米微粒直径比可见光的波长要小得多，所以纳米微粒分散系应以散射作用为主。根据雷利（Rayleigh）公式，散射强度为

$$I = \frac{24\pi^2 NV^2}{\lambda^4} \left(\frac{n_1^2 - n_2^2}{n_1^2 + n_2^2}\right) I_0 \tag{2-2}$$

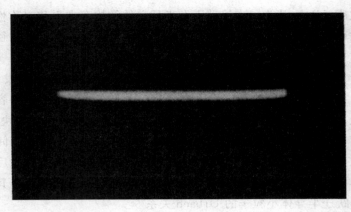

图 2-2　红色激光通过 SiO_2 分散液时的丁达尔（Tyndal）效应

式中：λ——波长；

N——单位体积中的粒子数；

V——单个粒子的体积；

n_1、n_2——分散相（纳米粒子）和分散介质的折射率；

I_0——入射光的强度。

由式（2-2）可作如下结论：①散射光强度（即乳光强度）与单位体积内胶体粒子数 N 成正比。②散射光强度（即乳光强度）与粒子的体积平方成正比，因此，对低分子正真溶液，由于分子体积很小，虽有乳光，但很薄弱；而对悬浊液，悬浮粒子相对体积大，故没有乳光，只有反射光，由此可见，只有纳米胶体粒子形成的溶胶才能产生丁达尔效应。③乳光强度与入射光的波长的四次方成反比，即波长愈短的入射光散射愈强。如用白光照射溶胶，因蓝光波长（450nm 左右）较短而易发生效射，红光波长（650nm 左右）较长而易发生透射，故侧面的散射光呈现淡蓝色，而透射光呈现橙红色。④分散相与分散介质的折射率相差愈大，粒子的散射光愈强，所以对分散和介质间没有亲和力或只有很弱亲和力的溶胶（憎液溶胶），由于分散相与分散介质间有明显界限，两者折射率相差很大，乳光很强，丁达尔效应很明显。

4. 纳米悬浮微粒（溶胶）的运动性质

（1）布朗运动

水中悬浮微粒做连续的不规则的折线运动（zigzag motion）现象称为布朗运动（Brown motion）。胶体粒子（纳米粒子）形成溶胶时会产生无规则的布朗运动。布朗运动于 1827 年由英国植物学家布朗在显微镜下观察悬浮在水中的花粉颗粒时发现。

布朗运动是由于分散介质分子不停地热运动对分散微粒的碰撞造成

的。爱因斯坦在假定胶体粒子运动与分子运动相类似的前提下，将粒子的平均位移表示成

$$\overline{X} = \sqrt{\frac{RT}{N_0} \cdot \frac{Z}{3\pi\eta r}} \qquad (2-3)$$

式中：$\overline{X}$——粒子的平均位移；

Z——观察的时间间隔；

η——介质的黏滞系数；

r——粒子半径；

N_0——阿伏伽德罗（Avogadro）常数。

Perrin 及 Svedberg 通过实验验证了式（2-3）的正确性。

布朗运动既是胶体粒子的分散物系（溶胶）动力稳定性的一个原因，又是其不稳定性的一个因素。由于布朗运动，胶粒会不断地运动而不会稳定地停留在某一固定位置上，这样有利于胶粒克服由重力而产生的沉降分离；但另一方面，布朗运动又为胶粒相互碰撞而团聚提供了机会，从而使颗粒由小变大而沉淀。

（2）扩散

扩散是指在浓度差的条件下，溶液小微粒从高浓度区向低浓度区迁移的现象。若微粒大小相同，则其沿 x 方向上的扩散可由 Fick 第一定律描述。

$$\frac{\mathrm{d}m}{\mathrm{d}t} = -D\frac{\mathrm{d}c}{\mathrm{d}x} \cdot A \qquad (2-4)$$

式中：$\dfrac{\mathrm{d}m}{\mathrm{d}t}$——单位时间通过截面 A 扩散的物质数量；

$\dfrac{\mathrm{d}c}{\mathrm{d}x}$——浓度梯度；

A——扩散截面；

D——扩散系数。

表 2-2 表示不同粒径金纳米微粒形成的溶胶的扩散系数。由表可见，粒径愈大，热运动速度愈小，扩散系数愈小。

表 2-2　291K 时不同粒径金溶胶的扩散系数

粒径/mm	扩散系数（D）/[10^9（$\mathrm{m^2 \cdot s^{-1}}$）]
1	0.213
10	0.0213
100	0.00213

按照爱因斯坦关系式，胶体物系扩散系数 D 可表示成

$$D = \frac{RT}{N_0 f} \qquad (2-5)$$

式中：f——阻力系数。

对于环形粒子，根据 Stockes 定律有阻力系数为 $f = 6\pi\eta r$，代入式（2-5），得爱因斯坦第一扩散公式：

$$D = \frac{RT}{N_0} \cdot \frac{1}{6\pi\eta r} \qquad (2-6)$$

式中：η——分散介质的黏度系数；

r——粒子半径。

由式（2-3）和式（2-6）可得：

$$D = \frac{\overline{X^2}}{2Z} \qquad (2-7)$$

利用这个公式，在给定时间间隔 Z 内，用电镜测出平均位移 $\overline{X}$ 大小，可得出 D。

（3）沉降

分散于液体中的颗粒受到两种作用：重力作用（若考虑胶粒体积的话，还应考虑浮力的影响）和扩散作用。如果颗粒相对密度大于液体，其因重力作用而从液体中下沉分离的过程称为沉降。但对于分散度高的物系，因布朗运动引起扩散作用与沉降力向相反，故扩散成为阻碍沉降的因素。粒子愈小，这种作用愈显著，当沉降速度与扩散速度相等时，物系达到平衡状态，即沉降平衡。

以沉降平衡为基础，Perrin 导出胶体粒子的高斯分布定律的公式

$$n_2 = n_1 e^{-\frac{N_0}{RT} \frac{4}{3} r^3 (P_p - P_0)(x_2 - x_1) g} \qquad (2-8)$$

式中：n_1——x_1 高度截面处的粒子浓度；

N_2——x_2 高度截面处的粒子浓度；

P_p——胶粒的密度；

P_0——分散介质的密度；

r——粒子半径；

g——重力加速度。

由式（2-8）可见，粒子浓度随高度的变化与粒子的半径和密度差有关，粒子的半径和密度差愈大，粒子浓度随高度而变化愈大。对含有各种大小不同粒子的溶胶来说，当这类物系达到平衡时，溶胶上部的平均粒子

大小要比底部的小。

5. 流变性质

物质在外力作用下的变形（deformation）和流动性质称为流变性质（rheologic properties），下面主要讨论流体黏滞性。

在外力作用下流体产生的形变或流动将导致流体内部质点间的相对运动，并形成速度梯度（切变速度）d_v/d_x，因此，流动较慢的液层将对流动较快的液层产生阻滞作用。为了使液体维持一定的速度梯度流动，就必须对液体施加一个与其所受阻滞作用相反的力，同截面某一点单位面积相切的向力称为切内力 τ（shearing force）。当切应力正比于切变速度（$\tau = d_v/d_x$）时，其系数 η 称为流体的动度（viscosity）。若 η 为一常数，则流体称为牛顿流体；反之，则称为非牛顿流体，此时的 η 称为表观黏度（apparent viscosity）。流体强度可通过毛细管法、转动法及落球法测定。

液体流动时为克服内摩擦需要消耗能量，若液体中存在分散颗粒，则液体的流线在颗粒附近受到影响，因此，胶体悬浮液的黏度与悬浮颗粒的浓度、大小、形状以及与分散相和分散介质间的相互作用有关，通常胶体悬浮液的黏度（η）比纯溶剂的黏度（η_0）高。为讨论问题的方便，将 η/η_0 定义为相对黏度 η_{recl}。下面主要讨论悬浮颗粒的浓度、形状以及与分散相与分散介质间的相互作用对稀胶体溶液黏度的影响。

（1）分散相浓度的影响

在假定：（a）质点是圆球且远大于溶剂分子；（b）质点是与介质无相互作用的刚体；（c）溶液浓度很稀，液体经过质点时各层流受到的干扰不相互影响；（d）无湍流的前提下，Einxtein 给出了如下公式

$$\eta = \eta \ (1 + 2.5\Phi) \tag{2-9}$$

式中：Φ——分散相浓度（体积分数）。

实验研究证明，上式适用于体积浓度不大于 3% 的球形质点溶液，但实验所得常数往往大于 2.5，这可能是由于质点溶剂化而使实际的体积分数变大的缘故。

Saunders 研究了单分散聚苯乙烯胶乳的浓度对黏度的影响，结果发现胶乳浓度（体积分数）低于 0.25 时，胶乳分散系统为牛顿流体；胶乳浓度高于 0.25 时，胶乳分散系统为非牛顿流体。胶乳浓度与相对黏度关系可用 Mooney 式来表示，即

$$\eta_{recl} = \exp \frac{\alpha_0 \varphi}{1 - K\varphi} \tag{2-10}$$

式中：φ——胶乳浓度（体积分数）；

α_0——粒子的形状因子，$\alpha_0 = 2.5$；

K——静电引力常数（约 1.35）。

粒径愈小，胶乳比表面增大，胶乳间静电引力增大，Mooney 式中的 K 变大所致。因此，即使胶乳浓度相同，胶乳的黏度也随粒径的变小而增大。

（2）颗粒形状的影响

对于 V_2O_5、硝化纤维等这样的分散相为具有不对称形状胶体溶液，其实测黏度比利用式（2-9）计算所得的要大得多，这主要是因为流体流经颗粒质点时，除流线受干扰要消耗一部分能量外，颗粒质点的转动也要消耗额外的能量。对刚性棒状质点在速度梯度的定向作用可忽略的条件下的黏度公式为：

$$\frac{\eta}{\eta_0} = 1 + \left(2.5 + \frac{J^2}{16}\right)\Phi \qquad (2-11)$$

式中：J——分子的长短轴之比。

对于其他形状质点，也存在类似的黏度随质点轴比增加而增大的关系。

值得一提的是，不对称质点的表观黏度随流速梯度增加而下降。对于流场中的不对称的质点，在流速梯度的作用下，其必然受到一转矩作用，促使其轴与流线型于定向；但布朗运动使质点无规取向，这两相反作用使质点轴与流线成一定角度，流速梯度越大，质点轴与流线越趋一致，定向作用越强，故其表观黏度随流速梯度增加而下降。

（3）温度的影响

液体分子间相互作用随温度升高而减弱，故溶胶的黏度随温度升高而降低，其相对黏度随温度变化不大，主要是出于液体的强度也随温度升高而降低的缘故。

（4）外加磁场的影响

本节所讨论的是由磁性微粒通过界面活性剂高度分散于载液中而构成的稳定胶体体系，即如图 2-3 所示磁液，它既具有强磁性，又具有流动性，在重力、电磁力作用下能长期稳定地存在，不产生沉淀与分层。

磁液的黏度与浓度关系可用下式表示：

$$\frac{\eta - \eta_0}{\eta} = 2.5\varphi - \frac{2.5\varphi - 1}{\varphi^2}\varphi^2 \qquad (2-12)$$

式中：η——磁液的黏度；

η_0——载液的强度；

φ——微粒体积百分数（包括表面吸附层的厚度）；

φ_0——液体失去黏性时的临界浓度。

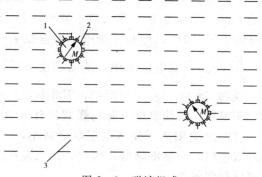

图 2-3 磁液组成

1—磁液微粒；2—界面活性剂；3—截液

外加磁场对磁液的黏度有明显的影响，当外加磁场平行于磁液的流变方向时，磁液黏度迅速加大；而外加磁场垂直于磁液流变方向，磁液的黏度也有提高，但不如前者明显；仔细分析，随流体动力学应力的增加或磁应力的减小，相对黏度下降。因此，在某种意义上来说磁液的流动性和外加磁场对磁液的相对黏度的变化起着重要的作用。此外，磁性微粒的粒径及表面吸附界面活性剂的层厚对磁液的流动性影响也很大。

（5）粒子电荷的影响

由于分散相粒子带电而导致溶液黏度增加的现象称为电黏滞效应（electroviscous effects），其溶液黏度 η 与粒子半径 r 以及 ζ 电位之间的关系可表示为：

$$\frac{\eta-\eta_0}{\eta_0}=2.5\left[1+\frac{1}{\eta_0 r^2 k}\left(\frac{\varepsilon\zeta}{2\pi}\right)^2\right] \tag{2-13}$$

式中：k——电导率；

ε——介电常数；

ζ——Zeta 电价。

其余符号意义同前。

显然，对于此类溶液，可通过调节 pH 值使粒子处于等电点（其 ζ 电位为零）而获得最低的黏度值。

如往固体浓度约 60%（体积浓度约 36%）的 Ca—黏土泥浆流中加 NaOH 或 Na_2SiO_3 时，可以大大改善其流动性，即降低黏度。这是因为加入 NaOH 或 Na_2SiO_3 时会发生如下反应：

$$Ca-黏土+2NaOH \rightarrow 黏土\{^{Na^+}_{Na^+}+Ca(OH)_2（可溶性）$$

$$Ca-黏土+Na_2SiO_3 \rightarrow 黏土\{^{Na^+}_{Na^+}+CaSiO_3（难溶性） \tag{2-14}$$

因为加入 Na^+ 后，取代了原黏土双电层中 Ca^{2+}。当加入 Na_2SiO_3 时，Ca^{2+} 形成了难溶的 $CaSiO_3$，双电层中多价离子减少，若 pH 值高于 7，黏土粒子外部就会吸附大量 OH^-，使粒子带电，根据叔采－哈代（Schulze－Hardy）法则（$\frac{1}{k} \propto \frac{1}{Z}$），双电层增厚，从而黏度下降，反之，当加入 NaOH 时，由于生成物 Ca(OH)$_2$ 是可溶的，因此双电层中仍有高价离子 Ca^{2+}，双电层减小不显著，致使黏度下降的强度没有像加 Na_2SiO_3 那样明显。Ca^{2+}、Mg^{2+}、H^+ 之类阳离子使双电层厚度减小，Na^+、K^+、NH_4^+ 之类阳离子会扩展双电层，使黏度降低，因此，用沉淀法除去黏土中的多价阳离子才能形成低黏度泥浆。

对纳米 Al_2O_3 微粒水悬浮液的黏度实验发现，纳米 Al_2O_3 微粒水悬浮液的黏度存在随剪切速度增加而减小的剪切减薄行为。电动力学实验结果表明，悬浮液中的粒子是非常分散的，因此，剪切减薄行为不能简单归结为粒子的凝聚作用，而是由布朗运动和电黏滞效应引起的。Krieger 等人对单分散胶乳粒子"中性稳定"悬浮液的布朗运动对黏度的影响进行了研究，观察到剪切减薄行为及高剪切极限黏度和低剪切极限黏度。对于浓度为 50%（体积），粒子直径为 150nm 的悬浮液，其高剪切极限黏度是低剪切极限黏度的 2 倍，并且两个极限值的差随着浓度减小和粒子直径的增加而迅速减小；而浓度为 38%（体积），粒径约为 100nm 的 Al_2O_3 悬浮液的高剪切黏度是低剪切黏度的 3 倍，不同于 Krieger 的结果。由于 Krieger 调查的悬浮液是电中性的，而 Al_2O_3 悬浮液则不是电中性，因此，Al_2O_3 悬浮液行为与 Krieger 调查的悬浮液行为的差别是由于在 Al_2O_3 悬浮液中电黏滞效应引起的。特别是当粒子表面电荷密度和 Zeta 势增大和离子强度及粒径减小时，电黏滞效应对黏度的影响变得很重要，可能导致在高低剪切速度下黏度变化几个数量级，它的影响比布朗运动大得多。

2.3　纳米微粒的化学特性

1. 吸附

吸附是吸附剂（如固体颗粒）表面与吸附质分子之间通过分子力或化学键产生的结合现象，其中吸附剂与吸附质之间若以范德华（Van Der Waals）力之类较弱的物理力结合称为物理吸附；吸附剂与吸附质之间以化学键作用的强结合称为化学吸附。因此，物理吸附无选择性且可逆，吸附热较低，吸附速度较快；而化学吸附有选择性且不可逆（解吸物性质常不同于吸附质），吸附热较高，吸附速度较慢。影响吸附的一些基本规律可归纳如下：

①同极性吸附剂易于吸附同极性吸附质，如极性的硅胶、Al_2O_3易吸附水，氨、乙醇、非极性的活性炭易吸附烃类有机物；

②吸附质分子结构越复杂（范德华引力越大）、沸点越高（气体凝结力越大），其越易被吸附；

③酸性吸附剂易吸附碱性吸附质，反之亦然；

④吸附剂孔隙结构（孔径及孔容）的影响。

纳米微粒由于有大的比表面和表面原子配位不足，与同质的大块材料相比较，有较强的吸附性，其吸附性能受其自身性质、被吸物质性质、溶液性质以及溶液的 pH 值等的影响。下面将分别讨论纳米微粒在非电解质和电解质两类溶液中的吸附特性。

（1）非电解质的吸附

非电解质的吸附系指非电解质的电中性分子通过氢键、范德华力、偶极子的弱静电引力吸附在粒子表面的现象，其中氢键起主要的吸附作用。例如，在氧化硅粒子对醇、酰胺、醚的吸附过程中氧化硅微粒与有机试剂中间的接触为硅烷醇层，上述有机试剂中的 O 或 N 与硅烷醇的羟基（·OH基）中的 H 形成 O—H 或 N—H 氢键，从而完成 SiO_2 微粒对有机试剂的吸附；其吸附力的强弱取决于形成 O—H 氢键的数量。吸附不仅受粒子表面性质的影响，也受吸附质的性质影响，即使吸附质是相同的，但由于溶剂种类不同吸附量也不一样。从水溶液中吸附非电解质时，pH 值影响很大，pH 值高时，氧化硅表面带负电，水的存在使得氢键难以形成，吸附能力下降。

（2）电解质吸附

电解质的吸附系指电解质电离后的离子通过静电引力吸附在粒子表面的现象，其吸附能力大小由库仑力来决定。

由于纳米粒子的大的比表面常常产生链的不饱和性，致使纳米粒子表面失去电中性而带电（例如纳米氧化物、氮化物粒子），因此在电解质溶液中，纳米粒子往往通过库仑交互作用把带有相反电荷的离子吸引到表面上以平衡其表面上的电荷，故纳米微粒在电解质溶液中的吸附现象大多数属于物理吸附。例如，纳米尺寸的黏土小颗粒在碱或碱土类金属的电解液中，带负电的黏土粒子很容易把带正电的 Ca^{2+}（称为异电离子）吸附到表面，这种物理吸附是有层次的，一般来说，靠近纳米微粒表面的一层属于强物理吸附层，称为吸附层，它的作用是平衡粒子表面的电性；离粒子稍远的 Ca^{2+} 形成较弱的吸附层，称为扩散层。上述两层构成双电层，并在整个吸附层中产生由粒子表面向外的电位下降梯度。在纳米尺度上，若假定粒子为球形，其半径为 r_0，以粒子中心为原点，则在溶液中任意距离粒子中心 r 的电位 Ψ 可根据 Debye-Huckel 理论表示为

$$\Psi = \Psi_0 \frac{r_0}{r} e^{-k(r-r_0)} \tag{2-15}$$

$$k = \left(\frac{e^2 \sum n_{i0} z_i^2}{\varepsilon k_B T} \right)^{\frac{1}{2}} = \left(\frac{e^2 N_A \sum C_{i0} z_i^2}{\varepsilon k_B T} \right)^{\frac{1}{2}} \tag{2-16}$$

式中：Ψ_0——粒子表面电位；

  ε——介电常数；

  e——电子电荷；

  n_{i0}——溶液中 i 离子浓度

  z_i——价电子；

  N_A——阿伏伽德罗常数；

  C_{i0}——强电解质的摩尔浓度，mol/cm^3；

  T——绝对温度；

  k_B——Boltzmann 常数；

  k——双电层的扩展程度；

  $1/k$——双电层厚度。

由式（2-16）看出，$1/k$ 反比于 Z 和 $\sqrt{C}$，这表明在高价离子、高电解质浓度作用下，双电层很薄。

吸附层与扩散层之间界面的电位 ζ，称为 Zeta 电位，理论上，令 $r = r_0 + 1/k$ 代入式（2-15）即可求得 $\zeta = \Psi_{r=r_0+1/k}$。实际上，常利用下述公式通过实验确定 ζ

$$\xi = \frac{6\alpha\pi\eta\upsilon}{DE} \tag{2-17}$$

式中：α——颗粒形状系数，球形时为 1，棒状时为 2/3；

  υ——颗粒在电场中被动速度；

  D——介质的相对介电常数与真空介电常数之乘积；

  E——电场强度。

对纳米氧化物粒子，如石英、氧化铝和二氧化钛等根据它们的水溶液中的 pH 值不同可带正电、负电或呈电中性。当 pH 值比较小时，粒子表面形成 $M-OH_2$ 键（M 代表金属离子，如 Si、Al、Ti 等），导致粒子表面带正电；当 pH 值高时，粒子表面形成 $M-O$ 键，使粒子表面带负电；如果 pH 值处于中间值，则纳米氧化物表面形成 $M-OH$ 键，这时粒子呈电中性。平衡微粒表面正电荷的有效反离子为阴离子，而平衡微粒表面负电

荷的有效反离子为阳离子。

2. 纳米微粒的分散与团聚

（1）分散

纳米微粒的分散就是将纳米粒子的团聚体分散成更小团聚体甚至单个纳米粒子，并使之均匀分布在介质中的过程。下面从能量的角度来分析纳米粒子的分散条件和影响因素。若纳米粒子或其团聚体可视为各向同性、半径为 R 的光滑球形粒子，则当其位置移动 h 时，体系的能量变化为：

$$\Delta G = 2\pi Rh \ (\sigma_{sl} - \sigma_{sg}) \ - \sigma_{lg} [R^2 - (R-h)^2] \qquad (2-18)$$

式中：σ——界面张力。

由 Youg-Dupre 方程

$$\sigma_{sg} - \sigma_{lg} = \sigma_{lg} - \cos\theta \qquad (2-19)$$

即得

$$\Delta G = -\sigma_{lg}\pi [2Rh \ (1+\cos\theta) \ - h^2] \qquad (2-20)$$

式中：θ——润湿角。

能量变化的最低位置即为不考虑重力、浮力及阻力，而仅考虑界面能影响时球形粒子在液体中的平衡位置：

$$H = h = R \ (1+\cos\theta) \qquad (2-21)$$

则有

$$\Delta G = \Delta G_{min} = -\sigma_{lg}\pi R^2 \ (1+\cos\theta)^2 \qquad (2-22)$$

由式（2-22）可知：

①当固体粒子与液体完全润湿时，$\theta = 0$，则 $h = 2R$，说明粒子无需外力做功即可自发进入液体中，这即是球形粒子自发进入液体的热力学条件。

②当固体粒子与液体完全不润湿时，$\theta = 180°$，则 $h = 0$，说明粒子完全不能自发进入液体中。

③当 $0 < \theta < 180°$时，$0 < h < 2R$，而且随着润湿角的增长，粒子自发进入深度减小；只要 θ 不为零，粒子就不可能完全自发进入液体中，此时要使粒子完全进入液体必须由外力做功。

1 个半径为 R 的球形粒子完全进入液体所需能量的大小是：

$$W_i = \sigma_{lg}\pi R^2 \ (1-\cos\theta)^2 - \frac{4}{3}\pi R^4 \ (2\rho_g - \rho_l) \ g \qquad (2-23)$$

式中：ρ——密度。

假设半径为 R 的粒子的体积浓度为 f_p，若不考虑粒子进入液体引起的混合液体密度变化、粒子间相互作用产生的能量消耗及粒子克服液体阻力所做的功，则使所有粒子完全进入液体形成单位体积混合体系需要外力的功为：

$$W = f_p \left[\frac{3\sigma_{\mathrm{lg}}(1-\cos\theta)^2}{4R} - R(2\rho_p - \rho_l)g \right] \qquad (2-24)$$

当粒子尺寸很小时，上式中的第 2 项远小于第 1 项，可以忽略，则有

$$W = \frac{3\sigma_{\mathrm{lg}}(1-\cos\theta)^2}{4R} f_p \qquad (2-25)$$

可见，粒子进入液体所需外力的大小取决于粒子与液体的润湿角、粒子和液体的相对密度、粒子的体积分数及粒子尺寸等因素。当纳米粒子尺寸增加、体积分数减小、粒子与分散介质两者润湿性越好、粒子的密度相对于分散介质密度越大时，越有利于粒子向分散介质中分散。

上面仅从能量的角度探讨了纳米粒子的分散条件和影响因素，若要全面深入地评价纳米粒子在液体中的分散，还应考虑：纳米粒子进入液体时克服混乱熵增加引起的能量障碍，以及与纳米粒子相互作用的液体属性、液体组成、环境温度、纳米粒子间相互作用等因素。要得到分散性好、粒径小、粒径分布窄的纳米粒子，必须采取措施削弱或减小纳米粒子间的吸附作用能，增强纳米粒子间的排斥作用能：（a）强化纳米粒子表面对分散介质的浸湿性，改变其界面结构，提高溶剂化膜的强度和厚度，增强溶剂化排斥作用；（b）增大纳米粒子表面双电层的电位绝对值，增强纳米粒子间的静电排斥作用；（c）通过高分子分散剂在纳米粒子表面的吸附，产生并强化立体保护作用。

（2）微粒的团聚

纳米微粒因其特殊的表面结构（缺少邻近配位原子）引起的表面作用使它们很容易通过吸附而团聚在一起，形成带有若干弱连接界面的尺寸较大的团聚体。纳米粒子间相互团聚作用可归纳为下述纳米粒子几方面吸附作用的总和：纳米粒子间氢键、静电作用产生的吸附；纳米粒子间的量子隧道效应、电荷转换和界面原子的局部耦合产生的吸附；纳米粒子巨大的比表面产生的吸附。虽然纳米粒子有别于常规粒子（或颗粒），但因纳米粒子粒径在胶粒范畴，对分散于溶液中的纳米粒子而言，不妨应用胶体理论来分析颗粒间的相互作用：范德华力（分子间引力总和）是悬浮在溶液中的纳米微粒发生团聚的主要因素，而由于吸附异电荷离子而在颗粒表面

形成的具有一定电位梯度的双电层则是阻止颗粒团聚的因素。颗粒的 Brown 运动既可引起颗粒的团聚又可促使其分散，因此，溶液中悬浮微粒是否团聚主要取决于范德华力和静电斥力这两个因素，当范德华力的吸引作用大于双电层之间的排斥作用时粒子就发生团聚。在讨论团聚时必须考虑悬浮液中电介质的浓度和溶液中离子的化学价。下面具体分析悬浮液中微粒团聚的条件。

半径为 r 的两个微粒间的范德华力引起的相互吸引势能 E_u 可表示为

$$E_u = -\frac{A}{12} \cdot \frac{r}{l} \qquad (2-26)$$

式中：l——微粒表面间距离；

　　　r——微粒半径；

　　　A——Hamaker 常数。

两微粒间双电层重叠所产生的静电排斥势能 E_r 可近似地表示为

$$E_r = \frac{\varepsilon r \Psi_0^2}{2} \exp(-kl) \qquad (2-27)$$

式中：ε——溶液的介电常数；

　　　Ψ_0——粒子的表面电位。

两微粒间总的相互作用势能 E 为

$$E = E_u + E_r = \frac{\varepsilon r \Psi_0^2}{2} \exp(-kl) - \frac{A}{12} \cdot \frac{r}{l} \qquad (2-28)$$

研究 E、E_u、E_r 与粒子间距 l 之间关系，发现 E_u 及 E_r 均只在很短的粒子间距内起作用，E_r 作用稍远，且 E 存在一最大值，即排斥能垒 E_{max}。因此，当两颗粒相互接近时，排斥能垒先作用，只有颗粒克服排斥能垒后才能团聚。决定位能 E 曲线形状的因素有 3 方面：

①Hamaker 常数 A，其取决于分散相与分散介质的化学性质，E_{max} 随 A 的增加而降低；

②在 A 和 k 保持不变时，E_{max} 随 Ψ_0 的增加而增加；

③电解质浓度与离子价数，在 A 和 Ψ_0 保持不变时，k 越小，E_{max} 越大；而 k 又取决于电解质浓度及其离子价数，由式（2-16）知，当离子价数不变时，其浓度越高，k 越大，E_{max} 越小；反之亦然。

由式（2-28），令 $\mathrm{d}E/\mathrm{d}l=0$ 及可求出 $E_{max}=0$ 时的临界团聚浓度 C_r

$$C_r = \frac{16\varepsilon^3 k_B T}{N_A e^4 A^2} \cdot \frac{\Psi_0^4}{Z^2} \propto \frac{1}{Z^2} \qquad (2-29)$$

式中：Z——原子价，此关系式称 Schulze-Hardy 定律，其精确表示为

$$C_r \propto \frac{1}{Z^6} \qquad (3-30)$$

式（2-29）与式（2-30）的差别的原因是由于 E_t 的表达式（2-27）是一个近似表达式的缘故。上述结果表明，引起微粒团聚的最小电解质浓度反比于溶液中离子的化合价的六次方，与离子的种类无关。

3. 表面活性及敏感性

由于纳米微粒表面原子数比例高以及其表面原子配位不饱和性导致大量的悬挂键和不饱和键等，所以纳米微粒具有很高的表面活性及选择性。当金属纳米微粒粒径小于 5nm 时，其催化性和反应的选择性呈特异行为。例如，用硅作载体的镍纳米微粒催化剂，当粒径小于 5nm 时，不仅表面活性好，催化效应明显，其对丙醛的氢化反应的选择性急剧上升，使丙醛到正丙醇的氢化反应优先进行，而使脱羰引起的副反应受到抑制。

纳米微粒具有的大比表面积、高的表面活性及表面活性性能与空气中气体成分相互作用强的特点，其对周围环境因素如光、温度、气体、湿度等十分敏感，因此适于用作温度、气体、光、湿度等传感器。

4. 光催化性能

纳米材料在光的照射下，通过把光能转变成化学能，促进有机物的合成或使有机物降解的过程称作光催化。光催化是纳米半导体材料所具有的应用最广的独特性能之一，光催化的基本原理是：当半导体氧化物（如 TiO_2）纳米粒子受到大于禁带宽度能量的光子照射后，电子从价带跃迁到导带，产生电子-空穴对。光致电子具有强还原性，同样可还原吸附在半导体纳米粒子表面的物质，如氧、金属离子等。空穴具有氧化性，空穴与氧化物半导体纳米粒子表面的·OH 反应生成氧化性很高的·OH 自由基，活泼的·OH 自由基可以把许多难降解的有机物氧化成 CO_2 和水等无机物。例如可以将酯类氧化变成醇，醇再氧化变成醛，醛再氧化变成酸，酸进一步氧化变成 CO_2 和水。价带氧化－还原电位越正，导带的氧化－还原电位越负，则光生电子和空穴的氧化及还原能力就越强，从而使光催化降解有机物的效率大大提高。

减小半导体催化剂的颗粒尺寸，可以显著提高其光催化效率。近年来，通过对 TiO_2、ZnO、CdS、PbS 等半导体纳米的光催化性质的研究表明，纳米粒子的光催化活性均优于相应的体相材料。半导体纳米粒子所具有的优异的光催化活性一般认为有以下几方面的原因。

①当半导体粒子的粒径小于某一临界值（一般约为 10nm）时，电荷载体就会显示出量子尺寸效应，主要表现在导带和价带变成分立能级，能隙变宽，价带电位变得更正，导带电位变得更负，因而增加了光生电子和空穴的氧化－还原能力，提高了半导体光催化氧化有机物的活性。

②对于半导体纳米粒子而言，其粒径通常小于空间电荷层的厚度，在距粒子中心为 L 处的势垒高度可表示为：

$$\Delta E = \frac{1}{6}\left(\frac{L}{L_D}\right)^2 \tag{2-31}$$

式中：L_D——半导体的德拜长度。

在此情况下，空间电荷层的任何影响都可以忽略，光生载流子可通过简单的扩散从粒子的内部迁移到粒子的表面而与电子给体或受体发生氧化或还原反应。由扩散方程 $\tau = \frac{r^2}{\pi^2}D$（$\tau$ 为扩散平均时间，r 为粒子半径，D 为载流子扩散系数）。计算表明，在粒径为 $1\mu m$ 及 $10nm$ 的 TiO_2 粒子中，电子从内部扩散至表面的时间分别约为 $100ns$ 和 $10ps$，由此可见，纳米半导体粒子的光致电荷分离的效率是很高的。纳米半导体粒子中电子和空穴的俘获过程也是很快的，如在二氧化钛胶体粒子中，电子的俘获在 $30ns$ 内完成，而空穴相对较慢，约在 $250ps$ 内完成。这意味着对纳米半导体粒子而言，半径越小，光生载流子从体内扩散到表面所需的时间越短，光生电荷分离效果就越高，电子和空穴的复合概率就越小，光催化活性就越高。

③反应物吸附在催化剂的表面是纳米半导体粒子光催化反应的一个前置步骤。纳米半导体粒子强的吸附效应甚至可导致吸附的物质超越溶液中其他物质的氧化还原电位的顺序而优先与光生载流子反应。由于纳米半导体粒子的比表面积很大，其吸附有机污染物的能力强，从而提高了光催化降解有机污染物的能力。

半导体光催化技术在环境治理领域有着巨大的经济、环境和社会效益，预计它可在以下几个领域得到广泛的应用：

（1）污水处理

可用于工业废水、农业废水和生活废水中的有机物及部分无机物的脱毒降解。

（2）空气净化

可用于油烟气、工业废气、汽车尾气、氟利昂及氟利昂替代物的光催化降解。

（3）保洁除菌

如含有 TiO_2 膜层的自净化玻璃用于分解空气中的污染物；含有半导体光催化剂的墙壁的地板砖可用于医院等公共场所的自动灭菌。

第3章 纳米材料的制备及表征

3.1 纳米材料的分类

所谓纳米材料，从狭义上说，就是有关原子团簇、纳米颗粒、纳米线、纳米薄膜、纳米碳管和纳米固体材料的总称。从广义上看，纳米材料应该是晶粒或晶界等显微构造能达到纳米尺寸水平的材料，可以理解为在三维空间中至少有一维处于纳米尺度范围或由它们作为基本单元构成的材料。

如果按维数，纳米材料的基本单元可以分三类：

① 零维，指材料尺寸在三维空间均为纳米尺度，如原子团簇和纳米颗粒等。原子团簇是由多个原子组成的小粒子，它们比无机分子大，但比具有平移对称性的块体材料小，它们的原子结构（键长、键角和对称性等）和电子结构不同于分子，也不同于块体，原子团簇的尺寸一般小于20nm，约含几个到 10^5 个原子。纳米颗粒是指颗粒尺寸为纳米量级的超微颗粒，它的尺度大于原子团簇，小于通常的微粉，一般在 $1\sim100$ nm 之间。这样小的物体只能用高分辨的电子显微镜观察。为此，日本名古屋大学上田良二教授给纳米颗粒下了一个定义：用电子显微镜才能看到的微粒称为纳米颗粒。

② 一维，指材料尺寸在三维空间中有两维处于纳米尺度，如纳米丝、纳米棒和纳米管等。

③ 二维，指材料尺寸在三维空间中有一维为纳米尺度，如超薄膜、多层膜、超晶格等。

如果按材质、功能、形态的不同，纳米材料可分为以下不同类别。

（Ⅰ）按材质，纳米材料可分为纳米金属材料、纳米非金属材料、纳米高分子材料和纳米复合材料。其中纳米非金属材料又可细分为纳米陶瓷材料、纳米氧化物材料和其他非金属纳米材料。

（Ⅱ）按功能，纳米材料可分为纳米生物材料、纳米磁性材料、纳米药物材料、纳米催化材料、纳米智能材料、纳米吸波材料、纳米热敏材料以及纳米环保材料等。

（Ⅲ）按形态，纳米材料可分为纳米颗粒材料（纳米微粒）、纳米固体材料（也称纳米块体材料）以及纳米组装体系。

① 纳米颗粒

纳米颗粒一般指粒度在 $1\sim100nm$ 的颗粒或粉末，是一种介于原子、分子与宏观物体之间的固体颗粒材料。纳米颗粒归属于零维纳米材料，因为纳米颗粒从空间三维上都限制在纳米尺度范围内。纳米颗粒的形态有球形、板状、棒状、角状、海绵状等。构成纳米颗粒的成分可以是金属或氧化物，也可以是其他各种化合物。纳米颗粒材料在催化、滤波、光吸收、医药、磁介质及新材料等方面有广阔的应用前景。

② 纳米固体

纳米固体是由纳米颗粒聚集而成的凝聚体，可从几何形态、组成颗粒的结构状态、组成相数以及导电性能等的不同角度将其分为很多种类。

a. 从几何形态的角度可将纳米固体划分为纳米块状材料、纳米薄膜材料和纳米纤维材料。纳米块状材料通常是指由纳米颗粒经高压形成的三维凝聚体。纳米薄膜则是指二维的纳米固体，可分为两类：一种是由纳米粒子组成的薄膜；另一种是在纳米微粒间有较多的孔隙、无序原子或其他材料的薄膜。当材料的限度在一维方向上被限制在纳米量级时，就形成了纳米纤维，也叫一维纳米材料或量子线。

b. 按照纳米固体中纳米微粒结构状态的不同，可将其分为纳米晶体、纳米非晶体和纳米准晶材料。包含的纳米微粒为晶态的纳米固体就是纳米晶体。在显微结构上，它有两种组元：一种是晶体组元，其原子位于晶粒内格点上；另一种是界面组元，原子位于晶粒间的界面上。它们都达到了纳米量级尺度。具有短程有序的非晶态纳米微粒组成的纳米固体成为纳米非晶体。将只有取向对称性的纳米级准晶微粒弥散在基体中时，就得到了纳米准晶材料，准晶同时具有长程准周期性平移序和非晶体旋转对称性的固态有序相的空间结构。

c. 按组成相数的不同，纳米固体可分为纳米相材料和纳米复合材料。由单相纳米微粒构成的纳米固体通常称为纳米相材料。不同材料的纳米微粒或两种及两种以上的纳米微粒至少在一个方向上以纳米尺寸复合而成的纳米固体成为纳米复合材料。纳米复合材料的概念最早是由 Roy 等人于 20 世纪 80 年代初提出的，大致又可分为三种类型：第一种是 0－0 复合，即不同成分、不同相或不同种类的纳米微粒与纳米微粒之间复合而成的纳米固体。第二种是 0－2 复合，即把纳米微粒分散到二维的薄膜材料中。它又可分为均匀弥散（纳米微粒在薄膜中均匀分布，人们可根据需要控制纳米微粒的粒径及粒间距）和非均匀弥散（纳米微粒随机混乱地分散到薄膜基体中）两种形式。第三种是 0—3 复合，即把纳米微粒分散到常规的三维固体中。纳米复合材料兼有纳米材料与复合材料的许多优点。由于纳米微粒体积小，复合难度不大，因而这种材料备受人们的关注。

d. 按导电性能的差异，纳米固体又可分为纳米绝缘体、纳米半导体和纳米导体。在纳米量级尺度上，导体与绝缘体的划分不是一成不变的。如金属 Au 的颗粒膜上就发现了电阻反常现象，据此被认为电阻的尺寸效应是其原因。纳米半导体中电子结构发生了较大变化，电子的能级变成了准分离状态，最低激子能级也向高能端移动，出现了所谓的量子尺寸效应，因此，纳米半导体也称为量子限域半导体。另外，将晶粒尺寸由微米量级降至纳米量级，固体电解质的离子导电率得到大幅提高。纳米固体种类繁多，许多并不只是属于以上某一种，而是同时具有几个种类的特征。除此以外，人们还可以从许多新的角度对纳米固体进行分类，如从纳米微粒之间键的形式出发可分为纳米金属材料、纳米离子晶体和纳米陶瓷，也可以将具有某种突出性能的纳米固体归为一类，如纳米磁性材料。

③纳米组装体系

纳米结构组装体系大致可分为两类：一是人工纳米结构组装体系，二是纳米结构自组装体系。所谓人工纳米结构组装体系，是按人类的意志，利用物理和化学的方法人工地将纳米尺度和物质单元组装、排列构成一维、二维和三维的纳米结构体系，包括纳米有序陈列体系和介孔复合体系等。这里，人的设计和参与制造起到决定性的作用，就好像人们利用自己制造的部件装配成非生命的实体（例如机器、飞机、汽车、人造卫星等）一样，人们可以形成具有各种对称性的和周期性的固体，人们也可以利用物理和化学的办法生长各种各样的超晶格和量子线。所谓纳米结构自组装体系是指通过弱的和较小方向性的非共价键，如氢键、范德瓦斯键和弱的离子键协同作用，把原子、离子或分子连接在一起构筑成一个纳米结构或纳米结构的花样。纳米结构组装体系既具有纳米微粒的特性，如量子尺寸效应、小尺寸效应、表面效应等特点，又存在由纳米结构组合引起的新的效应，如量子耦合效应和协同效应等。这种纳米结构体系很容易通过外场（电、磁、光）实现对其性能的控制，这就是纳米超微型器件的设计基础，从广义上讲，纳米结构体系是纳米材料的一个特殊的分支。

3.2　纳米材料的制备

人工制备纳米材料的历史至少可以追溯到 1000 年以前。当时，中国人利用燃烧的蜡烛形成的烟雾制成炭黑，作为墨的原料或着色染料，科学家们将其誉为最早的纳米材料。中国古代的铜镜表面防锈层是由 SnO_2 颗粒构成的薄膜，遗憾的是当时人们并不知道这些材料是由肉眼根本无法看到的纳米尺度小颗粒构成。1861 年，随着胶体化学（colloid chemistry）的建立，科学家们开始对 1～100nm 的粒子系统（colloids）进行研究。但限于当时的科学技术水平，化学家们并没有意识到在这样一个尺寸范围是人类认识世界的一个崭新层次，而仅仅是从化学角度作为宏观体系的中间环节进行研究。目前，制备纳米材料的方法多种多样，本章仅从纳米粉体和块体材料、纳米复合材料和纳米材料分子自组装的合成方法三个方面进行介绍。

3.2.1 纳米粉体和块体材料的制备

1. 物理方法制备

① 惰性气体冷凝法（inert gas condensation IGC）

该法基本原理是将大块材料在真空中加热蒸发，其主要过程是在真空蒸发室内充入低压惰性气体（He 或 Ar），将蒸发源加热蒸发，产生原子雾，与惰性气体原子碰撞而失去能量，凝聚形成纳米尺寸的团簇，并在液氮冷却的冷阱上聚集起来。将聚集的粉状颗粒刮下，传送至真空压实装置，压结成块状样品。此法既可以形成纳米粉也可以直接加工成块状样品。吴希俊研究组采用惰性气体冷凝和真空原位温压技术成功地制备了大尺寸铜和银三维纳米块体材料，其直径为 80mm，厚度分别为 5mm 和 7.8mm；平均晶粒度分别为 36nm 和 52nm；相对密度分别为 94.3% 和 97%。

根据该法的加热特点，它又可分为电、电子、激光和等离子加热等多类。纳米碳管可用这种方法制造。谢长生等用高频感应和 Laser 复合加热制出许多类型纳米粉，如用于固体火箭推进剂的纳米金属铝粉等。这一技术的基本原理是：首先用高频感应将金属材料整体加热到较高温度，从而使金属材料对激光的吸收率大大提高，有利于充分发挥激光的作用；然后再引入激光，可以使金属材料迅速蒸发，并产生很大的温度与压力梯度，不仅粉末产率较高，而且易于控制粉末粒度。

② 非晶晶化法

非晶晶化法制备纳米晶材料需要两个相互独立的步骤来完成，即非晶态合金的制备及退火处理过程，即将非晶态样品经一定的退火工艺（通常是在晶化温度附近退火一定的时间）晶化成具有一定晶粒尺寸的部分或完全晶化的纳米固体材料。为了得到纳米晶材料，非晶的晶化一般采用等温退火处理来完成。目前使用较多的是炉内退火工艺。由于退火时间较长，为避免氧化，通常需要氮气或氩气保护。具体过程如下：把非晶试样首先快速加热到预定温度，保温一段时间，然后随炉冷却。在这里，退火温度及退火时间是影响纳米晶成功获得的关键因素，其中退火温度对晶粒尺寸的影响是决定性的，但退火时间的影响也不容忽视。在由晶相和非晶相组成的材料中，退火时间的延长无疑会促进晶相的长大，只是对于不同的材料，其影响程度不同。有人采用"瞬间退火"方法，在短时间内完成退火过程并得到纳米晶。具体过程只是使一个 $15\sim30s$ 的电脉冲流经非晶试样，这样就能完成非晶的晶化。采用这一工艺，已得到 $Fe_{73.5}Cu_1Nb_3Si_{13.5}B_9$ 等纳米材料。

③ 电沉积法

电沉积法是制备金属粉末的一种重要方法。目前，利用电沉积法可以生产 Cu，Ni，Fe，Ag，Sn，Pb，Cr，Mn 等金属粉末，在一定条件下，还可以使几种金属同时沉积而制得合金粉末，例如 Fe—Ni，Fe—Cr 等。从所得粉末的特性来看，电沉积法有一个提纯过程，因此制备单质金属粉末时，纯度较高。综上所述，Cu，Ni，Fe，Ag 等金属粉末均可通过水溶液电沉积析出，但要阴极沉积出金属粉末还需掌握电沉积的成粉规律，通过加入某些助剂甚至可以制备超细金属粉末。Besenhard 等利用电沉积法，在电解液中加入焦磷酸盐、酒石酸等络合剂及其他助剂，制备了纯 Sn 超细粉末。电沉积具有以下特点：（a）通过控制电流、电压、电解液组分和工艺参数，能精确地控制镀层的组分、晶粒组织、晶粒大小；（b）常温常压操作；（c）工艺灵活、易实现，投资低，效益好，因此已成为普遍关注的研究领域，并取得了很大的进展。目前已成功制备出各种不同组成、不同形态和具有特定功能的纳米材料，它在制备单金属纳米晶材料中不仅占有很大比重，而且还是制备其他纳米材料的基础，对于合金及复合纳米材料的制备和应用具有非常重要的意义。

④ 机械粉碎法

机械粉碎法是一个无外部热能供给的、干的高能球磨过程，是一个由大晶粒变为小晶粒的过程。将不同的粉末在高能球磨机中进行球磨，粉末经磨球的碰撞、挤压，重复地发生变形、断裂、焊合，原子间相互扩散或进行固态反应而形成合金粉末。早在 1988 年日本京都大学的 Shingu 等人用高能球磨法制备 Al—Fe 纳米晶材料，为纳米材料的制备找到了一条实用化的途径。目前，该方法已经成为制备纳米材料的一种重要的工艺方法。

除了合成单质金属纳米材料外，还可以通过颗粒间的固相反应直接合成化合物，如大多数金属碳化物、金属间化合物、Ⅲ～Ⅴ族半导体、金属—氧化物复合材料、金属—硫化物复合材料、氟化物和氮化物。在纳米结构形成机理的研究中，认为高能球磨是一个颗粒循环剪切变形的过程。

在这一过程中，晶格缺陷不断在大晶粒的颗粒内部大量产生，从而导致颗粒中大角度晶界的重新组合，使得颗粒内晶粒尺寸可下降 $10^3 \sim 10^4$ 个数量级。

纳米粉制备方法的发展趋势是相互渗透和融合的，机械粉碎法中，可利用物料与介质之间在高能冲击下的反应，形成所需的纳米粒子。物理法应用复合加热方式使所制纳米粉范围扩大，它还可同时加热各种物料，因此可通过控制物料蒸气间反应或通入反应性气体，来生产多种类型化合物，其产量正在提高，向着工业化方向发展。

⑤ 深度塑性变形法

深度塑性变形法是近年逐步发展起来的一种独特的纳米材料制备工艺。它是指材料在准静态压力的作用下发生严重塑性变形，从而将材料的晶粒尺寸细化到亚微米或纳米量级。

2. 化学方法

化学方法有多种多样，最常用的方法是湿化学法和化学气相法。湿化学制备法包括溶胶-凝胶法、共沉淀法、乳浊液法、水热法、金属盐还原法等。化学气相法主要有气相高温裂解法、喷雾转化工艺和化学气相合成法等，对于化学气相法，低浓度、短停留时间和快速冷却是制备无团聚超细粉体的关键。此外，近年还出现了一些新的方法，如爆炸法、气溶胶法和激光蒸发—凝聚技术等。此类方法制造纳米粉产量大，对粒子直径可控，也可以制备纳米晶须和纳米管。由于生成物除纳米粉外，还有气态、液态或固态产物，所以反应后还需进行分离等后续加工，因而纳米粉表面很难保证其高纯度，但此法能方便地对离子表面进行碳、硅和有机物包覆或修饰处理，使粒子尺寸细小和均匀，性能更稳定。

①溶胶-凝胶法

溶胶-凝胶法是20世纪60年代发展起来的一种制备无机材料的新工艺，近年来许多人用此法来制备纳米材料，其基本原理是：将金属醇盐或无机盐经水解得到溶胶，然后使溶质聚合凝胶化，再将凝胶干燥、煅烧，最后得到纳米材料。

②沉淀法

沉淀法也是制备纳米发光材料的一种有效而常用的方法，它包括共沉淀法和均相沉淀法。含多种阳离子的溶液中加入沉淀剂后，所有离子完全沉淀的方法称为共沉淀法。得到的沉淀物经分离沉降，洗去杂质离子，然后经过干燥，再在不同的温度下灼烧产品便得到纳米材料。一般的沉淀过程是不平衡的，但如果控制溶液中的沉淀剂浓度，使之缓慢地增加，则使溶液中的沉淀处于平衡状态，且沉淀能在整个溶液中的化学反应均匀地出现，这种方法称为均相沉淀法。

③水（溶剂）热法

水（溶剂）热法是指在特定的密闭反应器（高压釜）中，采用水溶液作为反应体系，通过将反应体系加热至（或接近）临界温度，在反应体系中产生高压环境而进行无机合成与材料制备的一种有效方法。白国义等人采用水热法制备了一系列纳米硅铝酸盐，并且通过 XRD、BET、SEM 等方法对其进行表征，证明所制备的硅铝酸盐为纳料无定型材料。万丽娟等通过水热合成法在掺杂氟 SnO_2（FTO）导电玻璃上制备了不同形貌的氧化铁薄膜，利用无机铁盐浸渍法在 FTO 玻璃上进行氧化铁晶种的预处理，得到了致密且均一的纳米氧化铁薄膜。

水（溶剂）热法的特点是可制得单一产物，制备范围广，合成温度低，条件温和，含氧最小，体系稳定。

由于水热法只适用于氧化材料或少数一些对水不敏感的硫化物的制备。以有机溶剂代替水，在新的溶剂体系中设计新的合成路线，则可以扩大水热法的应用范围。

④化学还原法

化学还原法是制备超细粉体的有效和常用的方法之一。用化学还原法可以得到一些单分散的超细粉末，在较高温度和压力的条件下，使用含有金属离子的盐、还原剂、分散剂等，可以获得金属超细粉。还原剂一般为水合肼、硼氢化钠、硼氢化钾或活泼金属等。在特定条件下，还可以使多种金属共还原，形成合金。如 Hong Li 等在低温下的乙醇溶剂中，并引入超声的条件下，用化学还原法合成了纳米 SnSb 合金材料。

⑤燃烧法

相对于其他纳米发光材料的制备方法，燃烧法是一种很有意义的高效节能合成方法，并且合成温度低，燃烧的气体可作为保护气，防止 Ce^{3+} 和 Eu^{3+} 等掺杂离子被氧化。燃烧法的具体过程是：材料通过前驱物的燃烧而制得，在一个燃烧合成反应中，反应物达到放热反应的点火温度时，以某种方法点燃，随后的反应由放出的热量维持，燃烧产物即为所需材料。

⑥喷雾高温分解法

近年来，喷雾高温分解法成为合成各种电子陶瓷材料、高居里温度陶瓷超导体、离子导体、离子—电子混合导体的强有力工具。喷雾高温分解法通常从制备液态先驱体的气溶胶开始。接着，气溶胶直接放入高温分解装置中制成粉末或在加热的基体上形成一薄膜。它把气相反应和液相反应结合起来，融合了两者的许多优点：①设备简单、便宜；②先驱体选择范围大；③组分容易控制；④膜的形态可以有多种；⑤容易测量。气溶胶可以用喷雾器或雾化器、超声波等制成。不同的雾化器制成的气溶胶的液滴大小、粉碎程度、液滴速率是不一样的。

3.2.2　纳米复合材料的制备

纳米复合材料可以是有机—无机复合、有机—有机复合，也可以是无机—无机复合。复合后的粒子间的作用力有机械咬合力、范德华力和黏结剂的附着力等。制备方法有机械研磨法、干式冲击法、共混法、高温蒸发法、溶胶-凝胶法、沉淀法、溶剂蒸发法、插层法等。下面主要介绍无机—有机复合材料的几种合成方法。

1. 纳米微粒直接分散法

该方法将无机纳米微粒直接分散于有机基质来制备聚合物纳米复合材料，其中聚合物基质多选用具有优异性能的功能材料。由于无机纳米微粒具有较高的化学活性，利用直接分散法制备有机—无机纳米复合材料过程中不可避免地出现纳米粒子的团聚现象，使得纳米粒子在聚合物中分散不均匀，这是该方法的缺点。但通过控制条件可获得窄分布、高分散、小颗粒的纳米复合材料。

2. 纳米微粒原位生成法

纳米微粒原位生成法可以克服直接分散法中因纳米粒子的团聚而使得纳米粒子在聚合物中分散不均匀的缺陷。典型的方法是，使混合聚合物与可溶性无机分子前驱体在适当的溶剂中相结合，通过某种反应在聚合物中原位生成无机纳米微粒，聚合物基质既可以是在复合过程中合成的，也可以是预先制备的。聚合物具有控制纳米粒直径和稳定纳米微粒、防止其发生团聚的作用。这一方法最先由 Krishan 等提出，他们将 Nafion 树脂（一种全氟羧酸离子交换树脂）用 Cd^{2+} 离子交换，接着暴露于 H_2S 气体中，CdS 纳米微粒在 Nafio 树脂中生成。研究表明 Nafion－CdS 纳米复合材料可用于光催化反应，且该材料还可以再结合适当的催化剂。

3. 插层法

插层法是制备有机—无机纳米复合材料的另一种重要方法。许多无机化合物，如硅酸盐类黏土、磷酸盐类、石墨、金属氧化物、二硫化物等具有典型的层状结构，层间往往具有某种活性，某些有机物、金属有机物、有机聚合物（或其单体）可以作为客体插入主体的层间，从而形成有机—无机纳米复合材料。这些无机化合物的结构特点是呈层状，每层结构紧密，但层间存在空隙，每层厚度和层间距离尺寸都在纳米级，以蒙脱石为例，蒙脱石属 2∶1 型层状硅酸盐，每层的一个单位胞由两个硅氧四面体中间夹带一个铝氧八面体构成，硅氧四面体和铝氧八面体靠共用氧原子连接紧密堆积。蒙脱石的结构中，每个结构单元的厚度为 1nm，具有很高的刚性，层间不易滑移，每层表面因铝氧八面体中的 Al^{3+} 和硅氧四面体中的部

分 Si^{4+} 等被水合阳离子取代，它们很容易与有机阳离子进行交换，使得蒙脱石表面由亲水性变成疏水性，这样可使黏土矿物同大多数高分子具有很好的相容性。

聚合物的嵌入可以通过以下三种途径来实现：

①聚合单体嵌入到无机物夹层中原位聚合

它是先将聚合物单体分散，插入到层状硅酸盐片层中，其片层厚度为 1nm 左右，片层间距一般在 0.96～2.1nm 之间。然后嵌入到片层间的单体在外加条件（如氧化剂、光、热、电子束或射线等）下发生原位聚合，利用聚合时放出的大量热量，克服硅酸盐片层间的库仑力，使其剥离，从而使纳米尺度的硅酸盐片层与聚合物基体以化学键的方式结合。

1987 年，日本首先利用原位插层复合方法制备尼龙 6－黏土纳米复合材料（NCH），使材料性能得到明显提高，材料的热变形温度较纯尼龙有较大幅度提高，同时力学性能与阻隔性能均有不同程度的提高。中国科学院化学研究所对尼龙 6－蒙脱土体系进行了研究，并首创了"一步法"复合新方法，即将蒙脱土层间阳离子交换、单体插入层间以及单体聚合在同一步中完成。因为小分子单体比聚合物大分子小得多，较容易插入无机物层间，所以这一方法适用范围较广。

②聚合物溶液直接嵌入法

聚合物溶液插层是聚合物单分子链在溶液中借助于溶剂而插层进入蒙脱土的硅酸盐片层间，然后再挥发掉溶剂。这种方法需要合适的溶剂来同时溶解聚合物和分散蒙脱土，而且大量的溶剂不易回收，对环境不利。

③聚合物熔融嵌入法

聚合物熔融插层复合是聚合物在高于其软化温度下加热，或静止条件下或在剪切力作用下直接插层进入蒙脱土的硅酸盐片层间。对大多数很重要的高分子来说，上述两种方式都有其局限性，因为可能找不到合适的单体来插层或者找不到合适的溶剂来同时溶解高分子和分散填料。采用聚合物熔融插层法就能很方便地实现。

实验表明，聚合物熔融插层、聚合物溶液插层和单体聚合插层所得到的复合材料具有相同的结构，由于聚合物熔融插层没有用溶剂，工艺简单，并且可以减少对环境的污染，因而聚合物熔融插层具有很大的应用前景。

聚合物熔融插层是美国 Cornell 大学的 Vaia 和 Gian nelis 等首先采用的一种创新方法。同时他们对聚合物熔融插层进行了热力学分析，研究认为过程是焓驱动的，因而必须加强聚合物与黏土间的相互作用以补偿整个体系熵值的减少。目前，聚合物熔融插层制备有机—无机纳米复合材料已引起了人们极大的兴趣。

④其他方法

近年来出现了很多合成有机—无机纳米复合膜的特殊方法，例如：（a）MD膜法。它是以阴阳离子的静电相互作用为驱动力，制备单层或多层有序膜。（b）LB膜法。它是利用具有疏水端和亲水端的两亲性分子在气—液（一般为水溶液）界面的定向性质，制备纳米微粒与超薄的有机膜形成的有机—无机层交替的复合材料。目前可采用的方法：一是利用含金属离子的进行化学反应得到LB膜，通过与有机—无机纳米复合膜；另一种是制备的纳米粒子直接进行LB膜组装。相比之下，后者是比较有前途的。

3.2.3 分子自组装的合成方法

1. 模板（template）合成法

选择一种物质作为"基"，促使组分围绕其生长。材料的几何参数将受到基板的限制，所以制备一定形状和尺寸的纳米材料关键在于选好相应的纳米模板。模板本身既是定型剂，又是稳定剂，改变其形状和尺寸即可实现结构的预期调控。模板合成的基本思路为：

以多孔的沸石分子筛为例，典型的制备方法是先选用表面活性剂作模板，在一定条件下自组装成纳米级的囊泡、胶束、液晶，再加入硅醇盐、铝源等前驱物通过水热合成可得到含表面活性剂的硅铝酸盐复合体；最后采用高温烧除或溶剂萃取的方法移走模板分子即可。该法的优势体现在，只需改变模板分子的大小或创造有利于孔道发生重排的条件，就能有效调节孔道形态和孔径大小，这是传统合成手段所无法实现的。

2. 表面功能化法

一些自组装过程是在基底上进行的，对于那些表面缺少活性的基底，引入特定基团以增加表面亲和力成为组装这些功能膜的首要步骤。以色列科学家用分子自组装法设计成功的DNA小尺寸电路即为一例。DNA大分子一般很难直接与电极材料结合，必须先在电极表面镀一层寡核苷酸膜，由于具有良好的分子识别特性，能与附在电极表面的寡核苷酸结合而成DNA单层膜。实际电路中由涂银的DNA膜参与导电。

3. 微压印技术

为获得具有特殊用途的功能化表面，常常需要依据不同的情况设计出衬底表面按区域呈一定规律排列的自组装花样。哈佛大学Yen等提出了金衬底上烯类硫醇自组装膜的表面花样处理技术，在研究中他们首先制备一种分子间带有酸酐基的反应性SAM，然后把表面涂有胺类衍生物的聚二甲基硅氧烷（PDMS）模板压在衬底上，与 PDMS 区接触的酐基和胺可以反应生成 N—烯基酰胺，不在接触区的残余酐基与另一种胺（CF_3（CF_2）$_6$-CH_2NH_2）反应生成氟烯基酰胺，这样就得到了表面不同区域带有不同图案的膜材料。

交联高聚物的模板聚合也可采用压印技术，其特点是聚合物本体由于模板分子的压印形成许多特定的空穴，当模板被溶解抽走后，具有特定形状和基团的一个个痕迹便留在树脂上。该法提供了构建复杂靶分子的可能性，在生物工程领域有极大的潜力。

4. 自组织相变法

软物质（如聚合物、复杂流体、液晶）在远离平衡态的条件下，为满足能量要求，因熵驱动引起次级相变，从而构成复杂的织态结构。对称的 rod-coil-rod 型三嵌段共聚物可自发形成高度有序的三维双连续回旋体（gyroid），提示人们自组织相变可以广泛用于聚合物多项体系的合成，尤其是调控共聚物纳米相畴的形貌。

Paul 等从一种两亲嵌段共聚物与环氧树脂的自组装体系中制得含有纳米有序相的热固性树脂，由于环氧树脂选择性地溶胀某一嵌段，研究中发现随环氧树脂含量加大，体系状态依次经历囊泡、圆柱、体心立方密堆球体直至宏观无序四个阶段，科研人员可根据实际需要将体系终止于以上任一阶段。

Aggarwal 等使用一种简洁的技术得到了氧化钯（PdO_2）微米突起的拓扑结构，他们将金属 Pd（或 Ir, In, Fe）的膜真空组装在基底上，置于600℃氧气中，因热扩散失配导致压应力松弛，原子在结晶过程中扩散越过晶界，自发形成 $2\mu m$ 的 PdO_2 呈山丘状（hillock）的三维有序阵列。鉴于制备工艺十分简单，研究者认为该技术有望改变传统的场发射器元件制造过于昂贵的状况。

3.3 纳米材料的表征

纳米材料的表征方法很多，发展很快，而且一种材料往往需要多种表征技术相结合，才能得到可靠的信息，因此纳米材料的表征是非常重要的。下面将介绍几种常用的表征手段来判定纳米粒子的粒径、形貌、分散状况以及物相、晶体结构和表面分析等。

3.3.1 X 射线衍射（powder X-ray diffraction，XRD）

X 射线粉末物质衍射是鉴定物质晶相的有效手段，可以根据特征峰的位置鉴定样品的物相。此外，依据 XRD 衍射图，利用 Scherrer 公式，用衍射峰的半高宽和位置（2θ）可以计算纳米粒子的粒径。几乎所有纳米材料的表征都少不了 X 射线衍射方法。改进的 X 射线 Fourier 解析法分析 XRD 单峰，都得到较准确的晶粒尺寸。中山大学物理系的古堂生等提出了测量纳米晶粒尺寸分布的新方法。

XRD 还用于晶体结构的分析。对于简单的晶体结构，根据粉末衍射图可确定晶胞中的原子位置、晶胞参数以及晶胞中的原子数。高分辨 X 射线粉末衍射用于晶体结构的研究，可得到比 XRD 更可靠的结构信息，以及获取有关单晶胞内相关物质的元素组成比、尺寸、离子间距与键长等纳米材料的精细结构方面的数据与信息。

3.3.2　透射电子显微镜（transmission electron microscopy，TEM)

透射电子显微镜的分辨率大约为 0.1nm，可用于研究纳米材料的结晶情况，观察纳米粒子的形貌、分散情况及测量和评估纳米粒子的粒径。许多有关纳米材料的研究，都采用 TEM 作为表征手段之一。用 TEM 可以得到原子级的形貌图像。

3.3.3　扫描电子显微镜（scanning electron microscopy，SEM)

扫描电子显微镜是 20 世纪 30 年代中期发展起来的一种多功能的电子显微分析仪器。扫描电镜显示各种图像的依据是电子与物质的相互作用。当高能入射电子束轰击样品表面，由于入射电子束与样品间的相互作用，将有 99% 以上的入射电子能量转变成样品热能，约 1% 的入射电子能量将从样品中激发出各种有用的信息，包括二次电子、透射电子、俄歇电子、X 射线等。不同的信息，反映样品本身不同的物理、化学性质。扫描电镜的功能就是根据不同信息产生的机理，采用不同的信息检测器，以实现选择检测扫描电镜的图像。

扫描电镜分辨率小于 600nm，成像立体感强、视场大。主要用于观察纳米粒子的形貌、在基体中的分散情况以及粒径的测量等。SEM 一般只能提供微米或亚微米的形貌信息。

另外，扫描电镜的图像，不仅仅是样品的形貌图，还反映元素分布的 X 射线像，反映 PN 结性能的感应电动势像，等等。这与透射电镜有很大不同。

3.3.4　热分析

纳米材料的热分析主要有差热分析法（differential thermal analysis，DTA)、示差扫描热法（differential scanning calorimetry，DSC）以及热重

分析法（thermal gravimetry，TG）。三种方法常常相互结合，并与 XRD，IR（infrared ray）等方法结合，用于研究纳米材料的以下表征特征：①表面成键或非成键有机基团或其他物质的存在与否、含量的多少、热失温度的大小等；②表面吸附能力的强弱（吸附物质的多少）与粒径的关系；③升温过程中粒径的变化；④升温过程中的相变及晶化过程。

3.3.5　扫描探针显微技术（scanning probe microscopy，SPM）

扫描探针显微技术 SPM 以扫描隧道电子显微镜（scanning transmission electron microscopy，STM）、原子力显微镜（atomic force microscopy，AFM）、扫描力显微镜（scanning force microscopy，SFM）、弹道电子发射显微镜（beam election emission microscopy，BEEM）、扫描近场光学显微镜（scanning near-filed optical microscopy，SNOM）等新型系列扫描探针显微镜为主要实验技术，利用探针与样品的不同相互作用，在纳米级乃至原子级的水平上研究物质表面的原子和分子的几何结构及与电子行为有关的物理、化学性质，在纳米尺度上研究物质的特性 SPM 利用尖锐的传感器探针在表面上方扫描来检测样品表面的一些性质。不同类型的 SPM 键的主要区别在于针尖的特性及相应针尖与样品键的相互作用不同。

1. 扫描隧道电子显微镜 STM

扫描隧道电子显微镜 STM 的基本原理是利用量子理论中的隧道效应。隧道电流强度对针尖与样品表面之间的距离非常敏感，因此用电子反馈线路控制隧道电流的恒定，并用针尖在样品表面扫描，则探针在垂直于样品方向上高低的变化就反映出样品表面的起伏。将针尖在样品表面扫描时运动的轨迹直接在荧光屏或记录纸上显示出来，就得到了样品表面态密度的分布或原子排列的图像。

大量研究结果表明，用 STM 不仅可以观察到纳米材料表面的原子或电子结构、表面及有吸附质覆盖后表面的重构结构，还可以观察表面存在的原子台阶、平台、坑、丘等结构缺陷。另外 STM 在成像时对样品呈非破坏性，试验可在真空或大气及溶液中进行。

2. 原子力显微镜 AFM

1986 年，原子力显微镜 AFM 的出现弥补了 STM 只能直接观察到导体和半导体的不足，可以以极高分辨率研究绝缘体表面。其横向分辨率可达 2nm，纵向分辨率为 1nm。这样的横向、纵向分辨率都超过了普通扫描电镜的分辨率，而且 AFM 对工作环境和样品制备的要求比电镜要求少得多。

3. 扫描近场光学显微镜 SNOM

扫描近场光学显微镜根据非辐射场的探测与成像原理，能够突破普通光学显微镜所受的单位衍射的极限，在超高光学分辨率下进行纳米尺度光学成像与纳米尺度的光谱研究。

在近场光学显微镜中，传统光学仪器中的镜头被细小的光学探针所取代，其尖端的孔径远小于光的波长。当这样的亚波长光孔位置在距离物体表面一个波长以内，即近场区域时，可以探测到丰富的亚微米光学信息。这些精细结构信息仅仅存在于表面的非传播场内。

SNOM 与 STM 的基本原理很相似。STM 是基于隧道电子的探测，而 SNOM 是探测隧道光子。由于光子具有一些特殊的性质，如没有质量、电中性、波长比较长（以电子相比）、容易改变偏振特性、可以在空气及许多介电材料中传播等，近场光学在纳米尺度的光学观察上起到其他扫描探针显微镜（如 STM 和 AFM）所不能取代的作用。

3.3.6　场离子显微镜 (field ion microscopy，FIM)

场离子显微镜 FIM 是一种具有高放大倍数、高分辨率、并能直接观察表面原子的研究装置。这种技术利用成像气体原子（H，He）在带正高压的针尖样品附近被场离子化，然后受电场加速，并沿着电场方向飞行到阴极荧光屏，在荧光屏上得到一个对应与针尖表面原子排列的所谓"离子像"，即尖端表面的显微图像。

FIM 能达到原子级分辨，可以比较直观地看到一个个原子的排列，便于从微观角度研究问题。FIM 在固体表面研究中占有相当的位置，尤其是在表面微结构与表面缺陷方面。

3.3.7　穆斯堡尔谱 (Mossbauer)

穆斯堡尔谱是一项能够得到有关最外层化学信息的有效的表面研究技术。物质的原子核与其核外环境（指核外电子、邻近原子以及晶体等）之间存在细微的相互作用，从而出现超精细相互作用。穆斯堡尔谱学是提供这种微观结构信息的有效手段。

3.3.8　正电子湮灭 (positive annihilate xpedtrum，PAS)

正电子射入凝聚态物质中，在于周围达到热平衡后，就与电子、带等效负电荷的缺陷或空穴发生湮灭，同时发射出 γ 射线。正电子湮灭光谱的分析原理是通过这种湮灭辐射的测量信息，可得到有关纳米材料电子结构或缺陷结构的有用信息。

除上述方法外，纳米材料的表征手段还有很多，如用 BET 法（BET，是三位科学家 Brunauer、Emmett 和 Teller 的首字母缩写；BET 法是 BET 比表面积检测法的简称）测定纳米粒子的比表面积，从而研究团聚颗粒的尺寸及团聚度等；采用 X 射线光电子能谱法（X-ray photoelectron spectrum，XPS）可分析纳米材料的表面化学组成、原子价态、表面形貌、表面微细结构状态及表面能态分布等；用 ζ 电位仪测定表面电荷，研究表面状态对团聚度的影响等。

第4章 纳米材料在水处理中的应用

4.1 概述

随着现代工业的高速发展，大量未经处理或处理未达标的污水直接排放，对水环境造成严重的破坏，导致水质恶化，水质型缺水问题日益突出。据调查显示，大量未经处理的污水直接排放，成为城市环境的二次污染源，致使82％的江河、湖泊，45％城市地下水遭受到不同程度的污染，全国七大水系和47000多公里的河段均受不同程度的污染。国土资源部《2012中国国土资源公报》日前正式向社会发布。公报显示，全国198个地市级行政区4929个地下水水质监测点，近六成地下水为"差"，其中16.8％监测点水质呈极差级。已发现的有机化学污染物多达2000多种，其中在饮用水中确认的致癌物质达20种左右，可疑致癌物质23种，促癌物质18种，致突变物56种；饮用水水质的恶化严重威胁着人们的健康。去除水中的有毒、有害化学物质已成为环保领域的一项重要工作。

我国污水治理工艺诞生至今，经历了物理法、化学法、生物法和物理化学方法。但物理化学方法一般处理成本较高，而生物方法对难降解有机物的处理效率不高；并且有的传统方法存在二次污染，使得污水治理一直得不到很好的解决。

近些年，随着科学技术的进步，水处理技术的革新已不单纯的是传统处理工艺技术方面的发展，很多新材料在水处理中的应用，更使得水处理技术迅速发展。而众多水处理应用的材料中，纳米材料作为尖端材料的代表，以其优越的性能，广阔的发展空间，尤其引人注目。纳米材料在微污染水源给水处理、污水处理、海水淡化和海洋环境工程治理中愈来愈显示其独特的优势，受到了大家的青睐。我们国家的纳米材料研究开始于20世纪80年代，应用的主要领域是陶瓷、催化、生物、医药等，而在水处理技术方面，纳米材料的研究与应用则起步相对较晚，但发展很快，相信在纳米和水处理科技工作者的共同努力下，纳米材料在水处理技术中的应用，必然给水处理技术带来巨大变革。目前，纳米材料与技术在水处理方面的主要应用归纳如表 4-1 所示。

表 4-1 纳米水处理的基本原理内容和特点

方法	原 理	特 点
光催化	半导体纳米在光的照射下，能够把光能转化成化学能，从而促进有机物的合成或降解。	光催化产生的羟基自由基具有高度的活性；适用于难降解有机物的降解；利用太阳能，降低能耗；无毒性。
光电催化氧化	在光催化氧化装置的基础上配以阳极和阴极，并加上正向偏压，阻止光激发产生的电子与空穴的简单复合，提高催化活性。	降低电子和空穴的复合率，光量子效率有了极大的提高，同时催化剂的活性也得到了改善。
纳滤膜法	纳滤（NF）膜是介于反渗透（RO）膜和超滤（UF）膜之间的一层膜，膜表层孔径处于纳米级范围（10^{-9} m），通过过滤去除杂质。	需压力驱动；对二价或多价离子及分子量介于 $200\sim500$ 之间的有机物有较高的脱除率；可在常温下进行；易于自控和维修。
絮凝法	投加纳米混凝剂或纳米粉末，利用纳米颗粒的强大的吸附能力，增强混凝效果，并通过吸附架桥、卷扫网捕等絮凝机理去除杂质。	形成的矾花密实，絮凝沉降性能提高，能有效地去除传统的絮凝方法难去除的污染物；深沉物易于脱水。
微生物法	运用微生物纳米技术，筛选和驯化高效微生物，将土壤、污水、海洋中危险性污染物就地降解为二氧化碳和水或者转化为无害物质。	能提高微生物净化污水的速度和效率，从而可以缩小处理构筑物的容积，减小净化周期，提高污水处理量。
消毒灭菌法	针对水中细菌、霉菌、藻类的特性，将不规则颗粒及不同粒径的具有杀菌功能的纳米粉末，投入水中进行杀菌消毒。	具广谱抗菌、防霉和抑制藻类生长的特殊功效；耐热、耐酸、耐碱、难溶于水；效果持久。
磁化法	利用纳米粒子的磁致胶体效应，使具有相变趋势的物系，在磁场的作用下使物系内部的能力发生转变。	胶体颗粒生成的几率增加，使胶体形成亚稳定过渡态；使形成的胶体的稳定性提高；适用于锅炉用水的处理。

4.2 半导体纳米颗粒的光催化技术

4.2.1 半导体纳米粒子光催化的机理

半导体纳米粒子在光的照射下，能够把光能转变成化学能，从而促进有机物的合成或降解的过程称为半导体光催化。半导体纳米粒子 TiO_2 光催化的基本原理如图 4-1 所示。

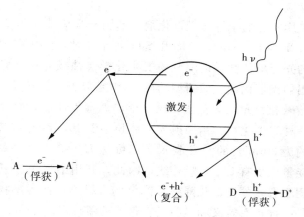

图 4-1　半导体纳米粒子 TiO2 光催化基本原理

基本原理可用反应式如下：

$$TiO_2 + h\nu \rightarrow e^- + h^+ \qquad\qquad (4-1)$$

$$e^- + h^+ \rightarrow 表面复合 + 热量 \qquad\qquad (4-2)$$

$$H_2O \rightarrow OH^- + H^+ \qquad\qquad (4-3)$$

$$h^+ + H_2O \rightarrow \cdot OH + H \qquad\qquad (4-4)$$

$$e^- + O_2 \rightarrow O_2^- \qquad\qquad (4-5)$$

$$O_2^- + H^+ \rightarrow H_2O \cdot \qquad\qquad (4-6)$$

$$2H_2O \cdot \rightarrow O_2 + H_2O_2 \qquad\qquad (4-7)$$

$$H_2O_2 + O_2 \rightarrow \cdot OH + OH^- + O_2 \qquad\qquad (4-8)$$

$$H_2O_2 + h\nu \rightarrow 2 \cdot OH \qquad\qquad (4-9)$$

$$Ar（有机物） + OH \cdot + O_2 \rightarrow CO_2 + H_2O + 其他产物 \qquad (4-10)$$

$$M^{n+}（金属离子） + ne^- \rightarrow M^0 \qquad\qquad (4-11)$$

如上所述，当半导体氧化物（如 TiO_2）纳米粒子受到大于禁带宽度能量的光子照射后，半导体价带上的电子吸收光能被激发到导带上，因而在导带上产生带负电的高活性电子（e^-），在价带上产生带正电的空穴（h^+），形成电子-空穴对的氧化—还原体系。溶解氧及 H_2O 与电子及空穴发生作用，最终产生具有高度化学活性的游离基 $\cdot OH$，其标准电极电位 $\Phi^0 = 2.80V$，利用这种高度活性的羟基自由基可以氧化包括难生物降解在

内的多种有机物为 CO_2 和水等无机物；此外，还可进行异构化、取代、聚合、缩合等反应。

目前，应用广泛的半导体光催化剂大部属于宽禁带的 N 型半导体氧化物，如 TiO_2、Fe_2O_3、ZnO、CdS 和 SiO_2 等十几种，虽然它们大都对有机物具有一定的光降解活性，但因其易发生化学腐蚀或光化学腐蚀，故不适合作为净水用的光催化剂。而新型的 TiO_2 纳米粒子，因其具有很高的光催化活性、耐酸碱和耐光化学腐蚀、成本低、无毒等性能，而成为当前最具应用潜力的一种光催化剂。当照射光的波长小于 400nm 时，二氧化钛纳米晶体（尺度约为 30nm）的激发能 e^-/h^+ 可达 $E_g=3.2eV$。太阳光辐射到地球上的总能量至少有 5% 为紫外线，因此，利用纳米级二氧化钛来吸收太阳能，并用于有效的光催化降解难降解的有机物，使污染物安全分解矿化，这无疑是一件很有意义和具有潜在价值的新技术。

4.2.2 半导体纳米粒子的光催化活性

纳米半导体粒子之所以具有更强的光催化活性的重要原因在于与颗粒纳米尺寸有关的多方面因素：（a）量子尺寸效应导致的导带和价带能隙变宽（价带电位变得更正，导带电位变得更负），因而增加了光生电子和空穴的氧化－还原能力，提高了光催化氧化有机物的活性；（b）颗粒尺寸与其紫外光吸收能力有关；（c）尺寸效应导致的半径越小，光生载流子从体内扩散到表面所需的时间越短，光生电荷分离效率越高，电子和空穴的复合概率就越小；（d）由于纳米半导体粒子的比表面积很大，其吸附有机污染物的能力强，吸附效应甚至可导致吸附的物质超越溶液中其他物质的氧化还原电位的顺序而优先于光生载流子反应，从而提高了光催化降解有机污染物的能力。下面以 TiO_2 为例，分析 TiO_2 的颗粒尺寸与催化氧化活性的密切关系。

（1）TiO_2 的颗粒尺寸与电子-空穴的氧化还原电势有关

当 TiO_2 处于晶体或较大的块状材料状态时，遵从固体理论，其光化学基本性质可用能带理论加以解释；当处于分子状态时，则遵从量子力学理论，可用分子轨道理论表征其基本性质；介于二者之间的体系，特别是粒度在纳米范围时，TiO_2 微粒的电子态由体相材料的连续能带过渡到分立结构的能级，显示出尺寸量子化为主的特点。TiO_2 颗粒尺寸的细微化产生了块体材料所不具备的表面效应、量子尺寸效应、小尺寸效应和宏观量子隧道效应。Brus 利用有效质量近似模型，提出粒径－能隙（E）方程：

$$E=\frac{h^2\pi^2}{2R^2}\left(\frac{1}{m_e}+\frac{1}{m_h}\right)-\frac{1.786e^2}{\varepsilon R}-0.248E_{RY} \quad (4-12)$$

式中：R——粒子半径；

ε——介电常数；

E_{RY}——有效 Rydberg 能，其值为 $\dfrac{2e^4\pi^2}{E^2h^2(m_e^{-1}+m_h^{-1})}$；

m_e、m_h——电子的有效质量、孔穴的有效质量。

从上式可以看出，当颗粒尺寸减小时，相应的 E 增大；当半导体粒子的粒径小于某一临界值（一般约为 10nm）时，量子尺寸效应变得显著；而量子效应将引起能带光谱发生蓝移，主要表现在导带和价带变成了分立能级，E 增大，能隙变宽，价带电位变得更正，导带电位变得更负，使得电子-空穴的氧化还原电势增大，从而提高了半导体光催化氧化有机物的活性。例如，TiO_2 粒径减小对于提高苯酚光解效率的作用非常明显，粒径为 20nm 的颗粒比 200nm 颗粒的降解能力提高 50% 以上。

（2）颗粒尺寸与其紫外光吸收能力有关

研究表明尺寸为 20～50nm 的 TiO_2 对紫外光具有较强的吸收。

（3）TiO_2 颗粒尺寸与电子和空穴的复合概率有关

对于纳米量级的 TiO_2 而言，由于其半径较小，使得空间电荷层的影响可以忽略，光生载流子从体内扩散到表面所需的时间越短，光生电荷分离效果就越高，电子和空穴的复合概率就越小，从而导致光催化活性的提高。

（4）TiO_2 颗粒尺寸与其吸附能力有关

纳米半导体粒子的尺寸很小，处于表面的原子很多，比表面积很大，这大大增强了半导体光催化吸附有机污染物的能力，从而提高了光催化降解有机污染物的能力。

4.2.3　提高半导体纳米粒子光催化活性的方法

半导体纳米粒子光催化活性包括光催化剂的光谱效应、光催化量子效应及光催化反应速度几个方面。研究表明，对纳米半导体材料进行敏化、掺杂、表面修饰以及在表面沉积金属或金属氧化物，减小半导体催化剂的颗粒尺寸和复合半导体等方法可以显著的改善其光吸收及光催化效能。

（1）半导体纳米材料的敏化

利用纳米粒子对染料的强吸附作用，通过添加适当的有机染料敏化剂，扩展 TiO_2 波长响应的范围，使之不但可利用太阳能中紫外光，也可利用可见光来降解有机物。但由于有机敏化剂与污染物之间存在着吸附竞争，敏化剂本身也可以发生光降解，因此，有时采用能隙较宽的硫化物、硒化物等半导体来修饰 TiO_2 以提高其光吸收效果，但需注意的是在光照条件下，硫化物、硒化物不稳定，易发生腐蚀。

（2）半导体纳米材料的掺杂

通过过渡金属掺杂也可以提高半导体氧化物的光催化效率。Verwey等人首先发现在半导体 TiO_2 中掺杂金属离子有助于提高其催化活性，主要是因为：（a）掺杂可以形成捕获中心，价态高于 Ti^{4+} 的金属离子捕获电子，低于 Ti^{4+} 的金属离子捕获空穴，抑制 e^-/h^+ 复合；（b）掺杂可以形成掺杂能级，使能量较小的激发掺杂能级上捕获电子和空穴，提高光子的利用率；（c）掺杂可以导致载流子的扩散长度的增加，从而延长电子和空穴的寿命，抑制复合；（d）掺杂可以造成晶格缺陷，有利于形成更多的 Ti^{3+} 氧化中心。不同金属离子的掺杂存在一个最佳浓度，Gratzel 指出当掺杂浓度小于最佳浓度时，半导体中俘获载流子的陷阱数目不足；当掺杂浓度大于最佳浓度时，由于陷阱之间的平均距离减少，电子-空穴越过势垒面而重新复合的几率增大，光催化活性将难以得到有效的提高。尽管应用掺杂的方法可以改善半导体氧化物对某些有机污染物的光降解活性，但在大多数情况下，这种改善光催化活性的方法并不成功，有待进一步研究。

（3）半导体材料表面修饰

用贵金属或贵金属氧化物在半导体光催化剂的表面上修饰也可以改善其光催化活性。采用溶胶-凝胶法制备的 TiO_2/Pt/玻璃薄膜，其降解可溶性染料的活性明显高于 TiO_2/玻璃。这是由于 Pt 的费米能级低于 TiO_2 的费米能级，当它们接触后，电子就从 TiO_2 粒子表面向 Pt 扩散，使 Pt 带负电，而 TiO_2 带正电，结果 Pt 成为负极，TiO_2 为正极，从而构成了一个短路的光化学电池，使 TiO_2 的光催化氧化反应顺利进行。有人指出，金属的表面沉积有助于载流子的重新分布，电子从费米能级较高的半导体转移到较低的金属，直至二者的费米能级相同，从而形成俘获激发电子的肖特基势垒，电子-空穴得到有效的分离，最终提高了半导体的光量子效率。此外，在 TiO_2 表面沉积 Nb_2O_5，可以使其光催化分解 1,4-二氯苯的活性提高近 1 倍。究其原因，可能是由于 Nb_2O_5 增加了 TiO_2 光催化剂的表面酸度，产生了新的活性位置，从而提高了 TiO_2 的光催化活性。

（4）金属离子对半导体光催化的影响

Fe^{2+} 的浓度为 $0.1\sim0.2mg/L$ 时，用光催化法进行饮用水深度处理，运行 20h，催化活性明显下降，这是因为水中的 Fe^{2+} 在膜表面被氧化成 Fe^{3+}，形成 $Fe(OH)_3$ 胶体覆盖了膜的催化表面造成的。Mn^{2+} 不可能在 TiO_2 表面俘获电子而产生协同效应，是因为 Mn^{2+} 被 TiO_2 表面的 h^+ 氧化后（$Mn^{2+}+2H_2O+2h^+\rightarrow MnO_2+4H^+$）所产生的 MnO_2 附着于 TiO_2 膜的活性表面导致膜催化功能丧失。总之，自来水中金属离子对光催化氧化有机物的影响非常复杂，归纳起来一般可以分为三类，如表 4-2 所示。

表 4 - 2 离子对半导体光催化的影响

分 类	特 点	代表离子
具有协同效应的离子	适量存在的这类离子，有助于提高光催化氧化有机物的效率，一般存在一个最佳的浓度。	Fe^{3+}、Cu^{2+}
具有阻抑作用的离子	这类离子可能引起催化剂中毒或者被氧化生成沉淀物而覆盖在催化剂上阻碍光催化反应继续进行，尽管在自来水中的含量很少，但其积累效应将是严重的。	Fe^{2+}、Mn^{2+}、SO_4^{2-}、Cl^-、CO_3^{2-}、PO_4^{3-}、HCO_3^-
不产生影响的离子	这类离子对光降解反应速率几乎没有影响。	Ca^{2+}、Mg^{2+}、Zn^{2+}、ClO^-、NO_3^-

（5）复合半导体

半导体的复合是提高纳米半导体光催化活性的另一有效途径。Yamashita 等人采用溶胶-凝胶法将 TiO_2 分散到二氧化硅基体上，发现其光催化活性明显高于单一的 TiO_2 材料。SPanhel、Vogel、Kohtni 等人分别以 CdS 作为复合材料制作了 TiO_2-CdS 复合体，均发现光催化活性得到明显的提高。复合半导体对于载流子的分离作用不同于单一半导体材料、由于具有两种不同能级的导带和价带，复合半导体光照激发后电子和空穴将分别迁移至 TiO_2 的导带和复合材料的价带，从而实现了载流子的有效分离。一般多选用 CdS、CdSe、SnO_2、WO_3 等半导体制作复合 TiO_2 材料。

4.2.4　纳米级半导体微粒膜（晶）的制备

随着纳米级半导体微粒膜（晶）越来越广泛地运用，近年来对制备纳米级半导体微粒膜（晶）的研究已成为界面化学和材料科学领域的研究热点。目前，制备纳米级半导体微粒膜（晶）的方法很多，如沉淀法、溶胶-凝胶法、等离子喷射法、电沉积法、钛酸乙酯热分解法、反应离子溅射法及高温热水解法等。表 4 - 3 以 TiO_2 为例介绍几种制备纳米级半导体微粒膜（晶）的主要方法及特点。

表 4-3 纳米级 TiO_2 微粒膜（晶）的主要制备方法及特点

方法分类		制备方法及特点
沉淀法	共沉淀法	含有多种阳离子的溶液中加入沉淀剂后，所有离子完全沉淀。它包括单相共沉淀和混合物共沉淀，沉淀过程是不平衡的。
	均相沉淀法	控制溶液中沉淀剂的浓度，使之缓慢地增加，使溶液中的沉淀处于平衡状态，且沉淀能在整个溶液中均匀地出现。
	金属醇盐水解法	利用一些金属有机醇盐能与有机溶剂发生水解，生成氢氧化物氧化物沉淀的特性制备细粉料的方法。
溶胶-凝胶法		将金属醇盐或无机盐经水解直接形成溶胶或经解凝形成溶胶，然后使溶质聚合胶化，再将凝胶干燥、焙烧去除有机成分，然后冷却到室温，制得无机纳米微粒膜。
钛酸乙酸热分解法		首先，滴加一定量的乙醇水溶液到含有钛酸乙酯的烧杯中，生成白色溶胶，用磁力搅拌器搅拌，在搅拌过程中滴加一定量的硝酸溶液，即可形成无色溶液，在室温下继续搅拌，通过提拉法将透明溶液均匀覆盖到经清洗的二氧化锡导电玻璃上；然后，放入红外干燥箱中，在 450℃ 或 500℃ 空气中恒温干燥 1h 后，让其自然冷却到室温。这种方法制备的 TiO_2 膜呈多孔性结构，TiO_2 微粒粒径为 50nm 左右，且颗粒大小比较均匀。这种 TiO_2 膜附着能力非常强，需要用砂纸才能打磨掉。
电沉积法		一定量的 Zn 加入到 5mol/L 的三氯化钛溶液中，放置数日后将溶液中的四价钛还原为三价钛。当溶液中无四价钛组分时，紫外吸收光谱 300nm 处无特征吸收峰。用脱氧的 NaOH 水溶液将三氯化钛溶液 pH 值调为 2.2。将清洗过的 ITO（indium－tin oxide）导电玻璃放入三氯化钛溶液，恒定电位于 0.1V 为 0.5h，可在导电玻璃上得到钛四价水化膜，清洗后在室温下干燥 20min 后，在 450℃ 空气中恒温 1h，之后让其自然冷却到室温。
反应离子溅射法		用两块金属板分别作为阳极和阴极，阴极为蒸发用材料，两电极间充入 Ar 气，两电极将施加的电压范围为 0.3～1.5kV。由于两电极间的辉光放电量形成 Ar 离子，在电场作用下 Ar 离子冲击阴极靶材表面，使靶材原子从其表面蒸发出来形成超微粒子，并附着面上沉积下来，形成纳米微粒膜。
高温热水解法		取一定量用甲苯稀释的钛酸四丁酯（TNB）溶液于石英容器中，将容器放入高压釜中，加水，逐步升温到 200℃～300℃，水解并保温结晶，反应完成后取出白色沉淀，经丙酮洗涤、干燥即得二氧化钛微晶。

目前半导体纳米材料光催化技术在水处理中的应用主要采用将粉末纳米材料投加（分散）的方式。当半导体纳米催化剂颗粒被分散到溶液中后，其回收处理比较复杂，运行成本也相应提高，针对这一现状，国内、外学者进行了有关 TiO_2 固定化（薄膜化）技术研究，在实验室已制备出多种 TiO_2 薄膜。主要有金属有机化学气相沉淀（MOCVD）、阴极电沉积法、溶液浸渍法以及溶胶-凝胶涂层法等几种方法。TiO_2 薄膜基片一般可选用多种材料，如玻璃、陶瓷、金属、塑料、活性炭等；出于减少介质对光的散射及吸收的考虑，Peill 等人采用光纤负载 TiO_2，结果表明光能利用率及催化效率都大为提高。

4.2.5　半导体纳米粒子光催化在水处理中的应用

以太阳能化学转化和储存为主要背景的半导体光催化特性的研究始于1917 年，但将半导体材料用于进行饮用水的深度处理、垃圾场的渗滤液的处理、催化光解水中微量有机污染物的研究还是近十几年的事情，而采用半导体纳米粒子作为光催化剂则是更新的水处理技术。美国、日本等国已将半导体纳米粒子材料做成空心小球，浮在含有石油泄漏的海水表面上，利用阳光进行有机物的降解。对于具有"三致"和内分泌扰乱作用的有毒化学物质，由于这类物质在环境中高稳定性、难降解，传统的生物化学处理法对其难以分解去除，处理之后的水中还会残余这类物质，其生物积累放大作用对环境生态构成严重威胁；利用纳米技术的量子跃迁效应激发的高能态，可望有效地分解这类物质。二氧化钛纳米晶体已经被证实具有良好的量子效应，在 400nm 波长照射下，其激发能 e^-/h^+ 可达 $E_g = 3.2eV$。与钛同族的二氧化锆、二氧化铪以及邻族的 Se_2O_3、Y_2O_3、V_2O_5 等均有可能具有相同的量子效应，特别是相应的混合型纳米晶或许具有更佳的量子效应。因此，通过半导体纳米粒子的量子迁跃效应获得的激发能量来分解二噁英、PCB 等环境有机污染物是可行的。研究发现，当半导体纳米材料二氧化钛在波长小于 400nm 的太阳光照射下，电荷分离产生电子-空穴对，位于价带的空穴具有强烈的氧化能力（如锐钛型二氧化钛，$E_v = 3.0V$；而 Cl_2、$KMnO_4$、O_3 的 E_v 分别为 1.36V、1.70V、2.07V），可以把几乎全部的有机物迅速氧化分解为二氧化碳、水、氯离子等无毒物质。R. W. Mathews 用 TiO_2/UV 光催化法先后对水中含有的苯、苯酚、硝基苯、水杨酸、甲酸等 34 种有机污染物进行了研究，发现它们的最终产物都是 CO_2 和 HCl。近年来，国内外一些研究报道表明，半导体纳米粒子光催化氧化法对水中的烃、卤代物、羟酸、表面活性剂、含氮有机物、有机磷杀虫剂等均有良好的去除效果，一般经过持续反应可达到完全矿化。大量研究表明，半导体光催化氧化法具有氧化能力很强的突出特点，对臭氧难以氧化的某些有机物如三氯甲烷、四氯化碳、六氯苯、六六六等能有效地加以光解，所以对于难降解的有机污染物，该方法显得更有意义。该方法分解速度快、除净度高、无二次污染、反应易于控制。二氧化钛等纳米级的催化剂有良好的稳定性，价廉，安全无毒，矿源丰富。太阳光辐射到地球表面的电磁波的总能量至少有 5％为紫外线，因此，利用纳米级的二氧化钛来吸收太阳能，并用光催化降解复杂的有机物，使污染物安全分解矿化，无疑是一件很有意义和具有潜在价值的新技术。

为了提高光催化效率，人们试图将纳米 TiO_2 组装到多孔固体中增加比表面，以提高太阳光的利用率。利用准一维纳米 TiO_2 丝的阵列提高光催化效率已获得成功，有推广价值。由于纳米 TiO_2 丝阵列的表面积非常大，比同样平面面积的 TiO_2 膜的受光的面积增加几百倍，最大的光催化效率可以提高 300 多倍。这种阵列对双酚、水杨酸和带苯环一类有机物光降解十分有效。

将纳米技术与高级氧化技术（advanced oxidation technologies，AOTs）相结合处理和净化受污染水体的研究具有广阔的发展前景。高级氧化技术利用辐照、催化剂及氧化剂，通过产生活性极强的自由基与反应物之间的加成、取代、电子转移等反应使污染物全部或接近全部矿化。目前以净化水体为目的的高级氧化技术多以运用紫外辐射为主，并采用聚光式反应器。例如，由定日镜、抛物面状聚光器，以及反比膜组合的装置，当定日镜数量增多时，光强显著增高。研究者们以纳米级 TiO_2 为催化剂，使含水杨酸、三氯乙烯等有机物的水有效地净化。聚光式反应器突出的优点是能使日光光强数十倍地增加，从而使能量高的紫外辐射显著提高。20世纪 90 年代以来纳米结构材料的研究为光催化应用提供了良好的条件。半导体纳米超细微粒具有与块状半导体不同的物理化学特性。据 Masakazu等人的研究，随 TiO_2 粒径的降低，其吸收光谱发生蓝移，催化活性也随粒径的降低而增强，当粒径小于 10nm 时尤为明显。在此情况下，TiO_2 催化活性提高并不是由于其物理性能因表面积的变化所致，而是由于其化学性质，如反应性能的变化所致，是半导体量子尺寸效应的表现。

1. 光催化氧化在饮用水处理中的应用

（1）光催化降解饮用水中有机污染物

光催化氧化法是在足够的反应时间内通常可以将有机物完全矿化为二氧化碳和水等简单的无机物，避免了二次污染，处理方法简单、高效，很有发展前途。将纳米半导体材料 TiO_2 固定于某一载体上的固定相催化，克服了以往悬浮相光催化时催化剂难以分离回收、光能利用率低等缺点，实现了催化与分离一体化。李田等人运用纳米 TiO_2 固定膜光催化氧化反应器对自来水进行深度处理。通过色谱－质谱（GC－MS）分析发现，自来水进水中存在有机物 104 种，其中 19 种优先污染物中有 5 种被完全去除；其他 21 种有害有机物中 10 种的浓度降至检测限以下。除此之外，水中各种有机物的浓度经处理后都明显下降，其中去除效果较好的是含有不饱和双键的化合物，如酚类、芳香族化食物及其取代物。自来水中有机污染物总量的去除率在 60% 以上。实验证明在存在干扰和竞争反应的条件下，光催化氧化法对水质较差的城市自来水的深度净化具有令人满意的处理效果。

水中有机污染物光催化降解是分步进行的。光催化氧化的中间产物及其毒性，一直是深受关注的问题。经检测，反应产物主要是小分子量的醇（酮）类、酚类及过氧化物，其浓度均很低，没有发现新生优先污染物。处理前后自来水中溶解性有机碳（DOC）平均去除率为 20%，还有相当部分的有机物没有完全矿化，这是因为首先·OH 对作用对象很少表现选择性，光催化氧化的中间产物不易积累，有很多痕量产物未能由 GC－MS 法检出；其次，氧化末端产物是极性很强的小分子，采用萃取富集的方法很难从水中提取检出。

腐殖酸（HA）是天然水体中有机物质的主要成分之一。研究表明，天然饮用水中的有机物质主要为腐殖酸，其含量愈高，水质卫生状况愈差。HA 亦是微量金属的强络合剂，会使水中金属离子和微量元素含量下降，矿化度降低；同时，HA 也被认为是自来水加氯消毒过程中形成三氯甲烷类有害消毒副产物的主要母体。因此，研究开发一种高效实用的水中降解 HA 技术已显得极为迫切。魏宏斌等人利用 TiO_2 膜进行光催化氧化降解水中腐殖酸，他们利用紫外线杀菌灯作为光源，将 TiO_2 膜以重金属 Ag、Pt 进行表面修饰。由于杀菌灯的波长为 253.7nm，短波紫外光有足够的能量激发氧分子，通过氧原子对碳氢键的插入反应实现光氧化反应；被激发的 HA 分子和光解产物比基态的 HA 分子更容易被光催化氧化。另外，TiO_2 对短波紫外光的吸收效率更高，产生更多的 e^- 和 h^+，使得光催化反应更为迅速。有机物在光催化剂表面的吸附是高效率降解的一个先决条件。TiO_2 膜有其自己的等电点（PZC），由于水溶液中氧化物的表面荷电情况与溶液 pH 值有关，当溶液 pH>PZC 时氧化物表面带负电；当 pH<PZC 时，氧化物表面带正电。当 pH 值降低时，HA 的光降解速率增大，这是因为，在 pH 值降低时，TiO_2 膜表面的正电性增加，HA 的水溶性减小，从而导致电离性有机物 HA 在 TiO_2 膜表面的吸附增加，亦有利于其在 TiO_2 膜表面的降解。

（2）光催化氧化消毒副产物及余氯

自发现饮用水氯化后产生氯仿（三氯甲烷）等有机物以来，各国环境保护机构对其危害性进行了深入的研究，发现这些物质具有致癌、致畸变和突变的作用，此后，饮用水氯化对人体健康的影响日益为人们所关注。由于三氯甲烷的化学性质较稳定，难以生物降解，先前所采用的曝气（空气吹脱）、活性炭吸附等方法由于种种原因，难以在实际处理过程中将其有效去除。近年来许多研究表明，运用紫外光激发催化氧化（UV/TiO$_2$/H$_2$O$_2$）工艺，能够有效地去除水中的消毒副产物三氯甲烷、四氯化碳、四氯乙烯等，并将三氯甲烷等有机氯化物直接氧化分解成无毒的氯离子和二氧化碳。当照射在半导体纳米粒子的光子能量大于禁带宽度时，电子从价带跃迁到导带，产生光生电子 e$^-$ 和光生空穴 h$^+$。光生空穴有强氧化性，光生电子有强还原性，当活泼的空穴、电子与吸附在表面的有机物接触时就可将其氧化或还原，或通过生成·OH 来氧化降解三氯甲烷等有机物。·OH 对有机物的去除具有广谱性，因此，以纳米级的氧化物作为催化剂的光催化氧化工艺可以同时去除水中多种有机物，使水质得到全面的改善。值得一提的是自来水中含有 HCO$_3^-$，该离子是一种非常强的羟基自由基（·OH）的去除剂，故在处理时应先去除水中的 HCO$_3^-$、CO$_3^{2-}$、SO$_3^{2-}$ 等离子。

从提供优质饮用水的目的来讲，水的深度处理除了消除水中的各种有机物外，还要能够在用户使用前而去除余氯。纳米半导体材料的光催化作用对余氯去除有一定的作用，自来水中的游离性余氯是强的氧化剂，易于光还原。光催化反应去除余氯实际上包括了余氯的光还原和光氧化两个过程，两者的比例取决于紫外灯的波长。在光催化过程中，游离性余氯得到电子被还原，故而余氯的光催化还原作用有利于有机物的光催化氧化；同时，余氯光解作用中产生的新生态氧，易于同时被激发活化的有机物进行氧化反应。此外，纳米半导体材料的光催化氧化过程中产生的各种强有力的氧化剂，可以破坏病原体的基本生理功能单元如酶、辅酶和氢载体等，而使病原体灭活，从而达到进一步的杀菌消毒作用。

用于光催化的 TiO$_2$ 是常用的食品添加剂，Ti^{4+} 为低毒类物质，无明显的蓄积作用，慢性毒性作用浓度为 1.08mg/L，无致突变性。我国《生活饮用水源水卫生标准》新增补了 Ti^{4+} 指标，其最高允许浓度为 0.1mg/L。对处理后水进行检测，Ti^{4+} 的含量小于仪器检出限 0.01mg/L。这表明纳米半导体材料的光催化氧化既无需投加任何药剂，也不会给水中带来有害物质。

对纳米半导体材料的光催化氧化法的经济性问题，Ollis D. F. 曾将该法与紫外/臭氧和活性炭吸附法进行了比较，发现光催化氧化法的费用明显低于紫外/臭氧法，当水的处理量较大时光催化氧化法的运行费用与活性炭吸附法很接近。

2. 光催化氧化法在印染废水处理中的应用

印染工业过程中流失的染料占全部染料产量的 15%，是工业废水的主要污染源之一。对印染废水的处理目前较为成熟的处理技术主要有活性污泥法、生物膜法和物理化学法。进入 20 世纪 80 年代，由于印染工业中的浆料、助剂和染料等多采用生物难降解的高分子物质，曾有科研人员重点进行了优良菌种筛选和高效混凝剂的研究，并用生化—物化多级串联的方法对印染废水进行了中试研究取得较好的效果。但是上述处理方法对于印染废水深度处理则难以达到预期的效果。在过去的 20 多年中，人们大量的注意力集中在用紫外光照射有机污染物的光催化降解，然而，单纯使用紫外光存在一些局限，如耗电量大、价格昂贵等，因而，尝试采用价格便宜、成本低廉的可见光来处理印染废水对环保和节能都具有极其重要的意义。近几年来，一种以纳米半导体材料为催化剂的光催化处理方法正受到各国环境工作者的关注，并以开始对印染等含有有机物的废水的处理的可行性进行了研究。

印染废水中具有代表性的有机染料甲基橙、亚甲基蓝分别属于难降解的醌式和蒽式物质。用 Ag 改性的 TiO_2 膜片处理印染废水溶液，在紫外光下对甲基橙的脱色率可达 71%，在可见光下对亚甲基蓝的脱色率可达 98%。TiO_2—Cu_2O 复合膜，在最佳条件下，当降解时间为 12h，降解亚甲基蓝的效率可到 75%。光催化氧化法所用光源有日光及多种人工光源（紫外光，激光等），再加上与其他技术联用（如通入 O_2、加入 H_2O_2 等光氧化剂或光敏化剂），使有机染料脱色降解率达到 90% 以上，效果十分显著。这种反应只需要光、催化剂和空气，处理成本相对较低，是一种较有前途的废水处理方法。从研究的现状来看，该方法对单一染料和实际印染废水处理的效果已被公认，这主要是由于光催化氧化具有很强的氧化能力，最终可使有机污染物完全氧化，因此，该方法比较适合于对印染废水进行深度处理。

H 酸是重要的染料中间体之一，主要用于生产酸性、活性染料和偶氮染料，也可用于制药工业。H 酸生产工艺流程长、原料利用率低，生产过程中排出的废液中往往含有大量萘的各种取代衍生物，具有强烈的生物毒性，COD 高达 $4×10^5 \sim 6×10^5$ mg/L，是一种典型的高浓度难降解有机废水。祝万鹏等人运用 TiO_2 光催化氧化法对 H 酸水溶液的处理进行了研究：单纯在紫外光的照射下，H 酸氧化分解极慢，经 5h 反应，仅分解了 10%。而在有 TiO_2 存在时，H 酸在 5h 之内分解了近 90%，说明 TiO_2 可以显著加快 H 酸光氧化的速度。在实际利用光催化氧化处理 H 酸污染水时，一般不必调节水的 pH 值。由于光催化过程中，半导体催化剂中产生的电子–

空穴会重新复合，影响氧化效率。另外，在特定催化剂表面负载高活性的贵金属氧化物有利于光激电子向外部迁移，防止电子-空穴的复合。研究表明投加 Ag^+ 和 Fe^{3+} 都能提高催化氧化效率，但是出于 Ag^+ 有毒、价高，而 Fe^{3+} 为常用的水处理混凝剂，无毒价廉，故实际使用以 Fe^{3+} 为佳。

3. 光催化降解农药和难生物降解物质

(1) 纳米 TiO_2 光催化降解六六六和五氯苯酚

六六六（BHC）是一种农药，具有 4 种异构体，均为可疑致癌物质，属美国环保局确定的 129 种优先考虑污染物。五氯苯酚（PCP）广泛用作杀菌剂和木材防腐剂，是致突变物质，世界卫生组织建议饮用水中五氯苯酚的含量不超过 $10\mu g/L$。李田等人以高压汞灯为光源，TiO_2 为催化剂，研究水中低浓度的六六六与五氯苯酚的光催化氧化。研究结果表明：γ-光催化氧化十分迅速，半衰期不到 20min；进一步的试验表明，BHC 的其他 3 种异构体虽不能被光分解，但可被光催化氧化。pH 值对 BHC 的光催化氧化有着明显的影响，在酸性较强时，光催化反应几乎不能进行；反应速率随着 pH 值的升高而迅速提高，在 pH 值中性条件下，BHC 的光催化氧化去除效果较好，这对饮用水中微量 BHC 的去除是有利的。同时研究还表明，在 BHC 光催化氧化过程中存在的中间产物的毒性小于 BHC 的毒性，因为同类氯化有机物的毒性是随分子中的氯含量的减少而下降的，并且，新生成的氯化有机产物也可被光催化氧化。由于 BHC 难为臭氧氧化，不能光分解或生物降解，因此，纳米级 TiO_2 光催化氧化为去除饮用水中微量 BHC 提供了新的选择。

PCP 可光分解但其反应速率远小于以纳米 TiO_2 为催化剂的光催化氧化速率。在较高的浓度下，PCP 的脱氯在 30min 之内可达 100%。根据氯离子的生成量很快达到理论极限值的事实，可以确定 PCP 的光催化氧化过程中无氯化物（通常是有害的）残存。事实上，开环后的 PCP 同其他芳香化合物一样，将逐渐被氧化为无机物；PCP 完全脱氯后，还有不含氯的中间产物存在，这些吸收紫外光的中间产物（如不饱和羧酸）也将被氧化去除。因此，该法在饮用水深度处理中有良好的应用前景。

(2) 纳米 TiO_2 光催化降解有机磷农药

有机磷农药是十分难降解的有机物之一，原水中含有有机磷农药不仅会对人体健康产生危害，而且，含磷物质会使水体富营养化，导致水质变坏。有机磷农药污水的处理，是使有机磷化合物转化成正磷酸盐。现有的处理方法有活性污泥法、活性炭吸附法、碱解及湿式氧化法，但是这些方法处理效果不够理想，处理后的农药废水中有机磷的含量仍高达几十毫克/升（以磷计），且费用高，对设备和操作条件要求较严。1960 年，

Armstrong 等人首先提出用光化学法降解有机磷。随着纳米二氧化钛的出现，使得光催化技术在常温常压下就可进行，并能彻底破坏有机物，没有二次污染，光催化降解有机磷进入了一个新的领域。利用半导体粉末作为光催化剂降解有机和无机污染物的研究已有较多报道，但是半导体粉末极小，采用悬浮体系既造成半导体粉末回收困难，又易造成浪费。原先利用超声波振荡将 TiO_2 粉末附着在玻璃管的内表面形成 TiO_2 薄层光降解有机污染物，但是结果表明 TiO_2 薄层与玻璃表面的结合强度较弱。目前，有以 Ti（$iso-OC_3H_7$）$_4$ 为原料配制成胶体，采用溶胶-凝胶法在玻璃纤维上沉积纳米 TiO_2 薄膜，利用纳米级 TiO_2 薄膜光催化降解有机磷农药的报道。下面简单介绍陈士夫等人的实验及结果：将敌敌畏、久效磷、甲拌磷、对硫磷等 4 种有机磷农药（纯度均大于 97%）的反应液 400ml 分别装入光反应器，把负载光催化剂 TiO_2 的玻璃纤维布制成筒状，包裹在内外套管之间。光解后的反应液直接采用钼蓝比色法测定无机磷含量，然后计算有机磷农药的光解率 η

$$\eta = （P_t/P_0）\times 100\% \qquad\qquad (4-13)$$

式中：P_t——光照时间 t 内反应液中无机磷的含量；

P_0——光照前反应液中总有机磷含量。

光催化降解有机磷农药的反应条件为：空气流量 $0.02m^3/h$，反应液初始 pH=6.5。4 种有机磷农药的光降解率与光照时间的关系如表 4-4、表 4-5 所示。

表 4-4　有机磷农药的光降解率（%）与光照时间的关系

（农药的初始浓度为 0.65×10^{-4} mol/L）

农药种类	光 照 时 间/min				
	5	20	40	70	90
敌敌畏	12.8	52.0	85.0	100	
久效磷	10.9	48.9	83.2	100	
甲拌磷	8.2	32.0	55.1	89.0	100
对硫磷	4.4	17.3	40.7	60.4	79.6

表 4-5　有机磷农药的光降解解率（%）与光照时间的关系

（农药的初始浓度为 2.0×10^{-4} mol/L）

农药种类	光 照 时 间/min				
	5	20	40	60	150
敌敌畏	7.1	41.2	58.4	71.2	100
久效磷	7.0	39.5	56.2	68.9	100
甲拌磷	4.3	18.6	30.1	46.0	100
对硫磷	3.1	10.7	18.9	26.7	73.8

从表 4-4、表 4-5 可以看出，随着光照时间的延长、有机磷农药的光降解率逐渐升高。0.65×10^{-4} mol/L 的敌敌畏和久效磷农药光照 60min 后的光降解率达 85%，相同浓度的甲拌磷、对硫磷光解率分别为 55.1%、40.7%；2.0×10^{-4} mol/L 的 4 种有机磷农药只要光照时间足够长，有机磷将完全被光催化氧化至 PO_4^{3-}。在相同试验条件下，又分别做了下列两组试验：一组是有光照无负载 TiO_2；另一组是无光照有负载 TiO_2。这两组试验结果表明，4 种有机磷农药的反应液中均无 PO_4^{3-} 生成，这说明有机磷农药只有在光照和光催化剂同时存在的条件下才能被降解至 PO_4^{3-}，光解速率与农药内部结构有关。试验结束后，玻璃纤维上负载的纳米 TiO_2 光催化剂活性没有减弱，可以连续使用。而且纳米 TiO_2 与玻璃纤维的结合强度远远大于利用超声波振荡法 TiO_2 薄层与玻璃表面的结合强度。

以四异丙醇钛为原料，配制成胶体，用玻璃纤维负载 TiO_2 光催化降解低浓度有机磷农药，虽然光照时间比 TiO_2 粉末悬浮体系相对长一些，但不需要回收 TiO_2 粉末，避免了光催化剂二次回收的困难及浪费问题。如果能通过适当的掺杂提高光催化剂的活性及对光的利用率，则工业上利用光催化法处理有机污染物废水将成为可能。

（3）负载 TiO_2 光催化剂降解咪蚜胺农药

由于直接将纳米级 TiO_2 粉末涂附在玻璃表面上，结合强度较小，因此利用超声波振荡法先将 TiO_2 粉末与黏性合剂羧甲基纤维素钠（Carboxymerhyl Cellulose－Na，CMC－Na）混合，涂附在玻璃表面形成牢固的 TiO_2 薄层，再用光催化降解咪蚜胺农药。负载 TiO_2 不但不需要回收 TiO_2 粉末，而且其降解效果与悬浮 TiO_2 粉末体系也相差不大。负载 TiO_2 作用下，农药水溶液的光催化降解时，$\ln C$ 与 t 有较好的线性关系，表明咪蚜胺农药光催化降解可用一级动力学方程描述。关于咪蚜胺农药光催化机理有两种说法：一种认为 TiO_2 在水溶液中受光照后，其表面会产生高活性自由基（如 ·OH 等），它们解吸进入溶液与溶质发生反应，而中间产物会与底物溶质竞争高活性物质（·OH），因此光解速率常数和半衰期随反应物的初始浓度变化而变化；另一种认为咪蚜胺农药是先吸附在 TiO_2 表面，然后再进行降解。郑巍等人认为两种机理均可能存在，也有可能咪蚜胺农药是先吸附在 TiO_2 上面，再与高活性物质·OH 作用。一般实验室所用的人工光源与实际的太阳能有一定的差别，为了使半导体材料应用在自然光下，郑巍等人初探了咪蚜胺农药太阳光下的催化降解情况，结果发现，实验条件下，在有太阳光无负载和无光照有负载情况下，咪蚜胺农药不降解，而在太阳光和光催化剂同时存在下可观察到有明显的降解发生，从而证明咪蚜胺降解与光和光催化剂相关。

（4）处理水面石油污染

在石油生产过程中，由油田直接抽出的为含水较多的油水混合物，经处理后提取石油，剩余水一部分回灌一部分排出，排出水中仍含有一定量的石油，对水体造成了污染。随着石油工业的发展，威胁着人类的健康。含油废水中的油类主要是链烃和芳烃，使用光催化氧化技术可将这些有机物最终氧化为 H_2O、CO_2、N_2、PO_4^{3-}、SO_4^{2-}。半导体二氧化钛的光催化降解反应能有效地去除水中的有机物污染物，因此，它可以用于水面石油污染的治理。但是由于石油类有机污染物不溶于水，且其密度一般比水小，故常漂浮于水面上，而二氧化钛的密度远大于水，如直接以粉末态的纳米级二氧化钛应用，则会沉于水底，不能发挥其光催化剂的作用。为了使二氧化钛能漂浮在水面上与石油类污染物充分接触进行光催化反应，需要将它负载在一种密度远小于水、又不被二氧化钛光催化反应的载体上，制备成能漂浮在水面上的负载型二氧化钛光催化剂。有人用环氧树脂将二氧化钛粉末黏附在木屑上；还有人用硅偶联剂将二氧化钛偶联在空心玻璃球上或火力发电厂的粉煤灰的漂珠上，用偶联法制的以漂珠为负载的光催化剂和玻璃空心球为负载的光催化剂分别进行光催化降解原油试验结果表明，以漂珠为负载的二氧化钛催化剂具有更高的光催化活性，而掺杂 Fe^{3+} 的二氧化钛光催化剂的活性明显高于未掺杂的二氧化钛光催化剂。过渡金属的掺杂可在半导体表面引入缺陷或改变结晶度，它可成为电子和空穴的陷阱而延长其寿命，从而提高催化效果。由于光催化反应时，半导体材料吸收大于禁带宽度的光子产生电子和空穴，空穴将水氧化为·OH 自由基和质子，·OH 自由基将烃类和其他不溶于水的有机物氧化成水溶性产物，并最终将它们转变成 HCO_3^-；·OH 自由基还可以还原吸附在半导体表面的氧，生成 H_2O_2。因此，在反应过程中向半导体表面充氧可提高反应效率。

由于原油是一种强烈吸收紫外光的物质，为提高光催化反应速率，必须将二氧化钛光催化剂置于油—气界面上，而不能让它浸没在厚的油层中。此外，负载型二氧化钛光催化剂的质量和原油的体积比，辐射光的波长和辐射强度，油层上空气中氧气的分压等都会对原有的光降解产生影响。

除纳米二氧化钛粉末可以用作负载型光催化剂外，有人制成纳米阵列体系用于海洋石油的光降解。将多孔有序阵列氧化铝模板，在其纳米柱形空洞的微腔内合成锐钛矿型纳米阵列体系，再将此复合体系粘到环氧树脂衬底上，将模板去除后，在环氧树脂衬底上形成纳米二氧化钛丝阵列。将此纳米阵列体系附着在漂浮性负载上，进行光催化降解。由于纳米丝表面积大，比同样平面面积的二氧化钛膜的接受光的面积增加几百倍，最大的原油光催化效率可以提高300多倍。目前已有报道美国、日本等国家将二氧化钛等氧化物的半导体纳米粒子制成空心小球，浮在具有石油污染的水表面上，利用太阳光进行光催化降解石油污染物。W. Gernjak 等研究了太阳光催化 TiO_2 及太阳/Fenton 试剂处理橄榄油废水（OMW），取得了良好地降解效果。

半导体纳米粒子的光催化氧化是一项很有前途的水处理技术，有研究表明高效多功能集成式实用光反应器，将会成为一种新型有效的水处理手段，特别是在低浓度难降解有机废水的水处理及饮用水中"三致"物质的去除方面将发挥重要作用。由于污染物的光解研究起步较晚，目前是理论研究多，实际应用少，因此，无论在基础研究还是应用研究方面都还有大量的研究工作要做。

4.3 半导体纳米粒子光电催化氧化技术

4.3.1 半导体纳米粒子光电催化原理

在光催化氧化过程中，光激发产生的电子（e^-）与空穴（h^+）极易复合，从而阻碍了 e^- 或 h^+ 分别与还原物或反应物的化学反应的复合（e^- 或 h^+ 的捕集），这样就使得光量子效率很低。因此，任何减慢简单复合过程或有助于 e^- 和 h^+ 向半导体上的吸附物质转移的因素都将提高 TiO_2 的光催化活性。若以半导体氧化物（TiO_2）薄膜作为阳极（工作电极），铂丝作为阴极，饱和甘汞电极为参比电极，再加上一定的正向偏压，由此构成一个完整的双电极体系（光电化学反应电池，其中 TiO_2 为光阳极，Pt 为对阴极）。用紫外光直接照射阳极，激发 TiO_2 产生 h^+ 及 ·OH，将溶液中有机物氧化；而光生电子则在外电路的驱动下通过电路流向铂阴极，将液相中的氧化态组分还原，从而降低电子和空穴的复合率，极大地提高光量子效率，同时改善催化剂的活性，这就是光电催化的基本原理。

4.3.2　半导体纳米粒子光电催化应用

光电催化的效率高于光致降解和光催化降解。有人在不同情况下对酸性品红、酸性铬蓝 K、铬黑 T 三种染料溶液分别进行降解实验：

①用中压汞灯作为辐射光源，构成光电催化反应器，用中压汞灯直接光降解（不加电，也不放纳米半导体催化剂）；

②以涂有纳米 TiO_2 膜的光透电极进行光催化降解（只放催化剂，不加电）；

③外加＋0.6V 偏压电化学辅助光催化降解。

实验结果表明：光电催化降解的效果最好，直接光降解的效果最差。对三种染料的平均降解率分别为：直接光降解 41%、光催化降解 62% 和光电催化降解 82%。很显然，光电催化的效率不仅大大高于光致降解而且也明显高于光催化降解。这是因为光降解仅仅依靠光的能量使染料直接光致降解，而光催化降解是光照到催化剂纳米半导体 TiO_2 膜上产生空穴，光生空穴具有很强的氧化性能够迅速降解染料分子，所以光催化降解的效率要比光致降解的高。又因为在光催化氧化过程中，光激发产生的 e^- 和 h^+ 的简单复合与伴有化学反应的复合之间存在竞争，而输入阳极偏压的光电催化可将电子通过外电路流向铂阴极，将空穴转移到催化剂表面，减慢了简单复合过程，大大降低电子和空穴的复合率，提高了光子效率，从而提高纳米半导体 TiO_2 的光催化活性。

生物染色剂丽春红是一种极难分解的有机物，即使在紫外光照的情况下，其分解率也很小。付小荣等人利用溶胶-凝胶技术（sol－gel）制成纳米 TiO_2/Pt/glass 薄膜，其中 Pt 不仅起电极作用，而且还对纳米 TiO_2/glass 薄膜光催化作用产生影响。研究发现：TiO_2/Pt/glass 薄膜比 TiO_2/glass 薄膜对生物染色剂丽春红的分解效果要好，这是因为当金属 Pt 与 TiO_2 接后，电子就从 TiO_2 表面向 Pt 扩散，使 Pt 带负电而 TiO_2 带正电，减少 TiO_2 表面的电子密度，也就减少了电子和空穴在 TiO_2 表面的复合，提高了 TiO_2/Pt/glass 薄膜的光催化活性。Kraeutler 和 Bard 等人提出 Pt/TiO_2 颗粒微电池模型，认为 TiO_2 颗粒和 Pt 可以看成是一个短路的光化学电池，TiO_2 为光阳极，Pt 为对阴极，从而构成一个完整的双电极体系，提高了光生电子与空穴的分离，使 TiO_2 光催化氧化反应顺利进行。在紫外光照射的同时给反应体系输入一定的正向偏压后，染料溶液的降解率明显提高。Miyaka 等人认为，光电催化可以利用输入的电压使多数载流子离开表面以避免表面复合，而光催化在稳态下到达表面的电子和空穴必须相等，若不是这样，那么表面变成带电的，过程终止，但仅给 $TiO_2/Pt/glass$ 薄膜加 $0.8V$ 正向偏压却无紫外光照时根本检测不到染料降解，说明在光电催化反应的开始时要用大于 TiO_2 禁带宽度能量的光子激发薄膜，使之产生电子和空穴，然后利用输入的电压使多载流子离开表面以避免表面复合。当 $TiO_2/Pt/glass$ 薄膜正向偏压为 $0.8V$ 时，染料溶液的降解率较不加电压时高出约 25%，较 $TiO_2/glass$ 薄膜高出 30% 多，并且薄膜的光电催化效率随正向偏压增加而提高。

4.4　纳滤水处理技术

纳滤膜（Nanofiltration membrane，NF）是介于反渗透膜（RO）和超滤膜（UF）之间的一种膜，由于纳滤膜对二价、多价离子和相对分子质量在 200 以上的有机物和大的阴离子团有较高的脱出率，投资成本和操作、维护费用相对较低等，问世十几年来以其显著的分离特性受到人们的关注和重视，在水的软化、各种废水处理、食品加工、医药、石油工业等方面具有广阔的应用前景。同时，随着制备 NF 膜的新型材料的不断合成、制备技术的不断完善和创新，可以预见，在不久的将来，纳滤技术可以和某些传统的分离过程（如精馏等）耦合，甚至替代某些能耗高、污染严重的传统工艺过程，对降低成本、节能降耗、减轻环境污染、提高企业竞争力等有重要意义。因此，纳滤作为一门新型的高效分离、浓缩、提纯及净化技术，被认为是最有发展前途的高技术之一。

4.4.1　纳滤的机理与特点

纳滤膜膜表层孔径处于纳米级范围（10^{-9} m）。与反渗透一样，纳滤也是一种压力驱动膜分离过程，其操作压力通常在 $0.4\sim2.0MPa$ 之间，低于 RO，所以又叫低压反渗透（LPRO），因此，反渗透的作用机理适用于纳滤。

溶液的化学位 μ 可表示为

$$\mu = \mu^0 + RT\ln x \qquad (4-14)$$

式中：μ^0——纯溶剂的化学位；

x——溶剂的摩尔数；

R——理想气体常数；

T——绝对温度。

当 $x<1$ 时，$\mu<\mu^0$，为了平衡化学位，溶剂分子将由高化学位一侧通

过膜向低化学位一侧流动，即渗透；相应地，溶液也对应存在一渗透压 π。当膜两侧的静压差大于溶液间的渗透压差时，溶剂将从溶液浓的一侧透过膜流向浓度低的一侧，即发生反渗透。

对于将溶液与溶质分离的反渗透机理主要有结合水－空穴有序扩散模型、优先吸附－毛细孔流模型、溶解－扩散模型等。结合水－空穴有序扩散模型认为在膜的大分子间存在由于氢键和范德华（Van Der Waals）力作用而牢固结合的晶相区和完全无序的非晶相区，水和溶质分子只能进入非晶相区，且水分子或部分溶质分子与膜的大分子上的羧基等形成氢键，即所谓的"结合水"。结合水在压力作用下以不断形成新的氢键来改变位置，最终来完成通过膜的扩散，出于结合水把非晶相区的空间（空穴）都占满，则不能与膜分子形成结合水的溶质分子，理论上就不能扩散通过，但由于膜表面存在的某些缺陷，仍会有少量溶质分子透过膜而不能达到溶剂与溶质的完全分离。

优先吸附－毛细孔流模型是在 Gibbs 吸附理论的基础上提出来的。该模型认为膜界面上优先吸附水而形成一层脱盐的纯水层，纯水的输送可通过膜中的小孔来进行，孔径必须等于或小于纯水层厚度的 2 倍才能达到完全脱盐而连续生产纯水，膜对溶质的选择吸附导致对溶质的选择性透过。

溶解－扩散模型假定多孔膜可以当做非多孔的完整膜考虑，渗透分子通过膜的过程包括渗透分子在膜上的吸附和溶解、在膜内的扩散以及在膜下的解吸几个步骤。其渗透能力不仅取决于扩散系数（分子扩散），而且取决于其在膜中的浓度。由于溶质的扩散系数远小于水分子。故透过膜的水分子远多于溶质分子。

由于纳滤膜制备时的特殊处理（如荷电化），其被认为是带电荷的（通常带负电荷），因此，当荷电膜与盐溶液接触时，还会产生道南（Donnan）效应：溶液中反离子（与膜所带电荷相反的离子）形成靠近膜面处高、远离膜面处低的浓度梯度，而同离子（与膜所带电荷相同的离子）形成正好相反的浓度梯度，因而产生了道南电位，这一电位阻止反离子从膜面向远处溶液扩散以及同离子从远处溶液向膜面扩散。阴、阳离子的去除率取决于它们的电荷密度、浓度及膜上电荷对其排斥和屏蔽作用的大小。从这一点上看，其类似于电渗析膜作用原理。

4.4.2 纳滤膜的性能特点

1. 基本参数

膜的性能参数通常包括透水通量率（J）、脱盐率（P）、回收率（R），其定义如下：

$$J = Q_p / A_t \qquad (4-15)$$

式中：Q_p——t 时间内透过膜的水量，L；

　　　A——膜的有效过水面积，m^2；

　　　t——时间，h。

$$P = (C_1 - C_2) / C_1 \times 100\% \qquad (4-16)$$

式中：C_1、C_2——过膜前、后的水中杂质浓度，mg/L。

$$R = Q_p / Q_f \times 100\% \qquad (4-17)$$

式中：Q_p、Q_f——透过水量与供水量之比。

　　操作压力的提高可提高透水通量和脱盐率；在相同条件下，脱盐率与透水通量越高，则膜的性能越佳。表 4-6 列出了一些国外商品纳滤膜的基本性能参数。

表 4-6　一些国外商品纳滤膜的基本性能

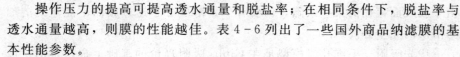

膜型号	厂商	性能		测试条件	
		脱盐率/%	通量 [L/ (m² · h)]	压力/MPa	进液浓度 (NaCl) / (mg/L)
DRC−1000	Cefa	10	50	1.0	3500
Desal−5	Desalination	47	46	1.0	1000
HC−50	DDS	60	80	4.0	2500
NF−40	Film Tec	45	43	2.0	2000
NF−70	ilm Tec	80	43	0.6	2000
SU−600	Toray	55	28	0.35	500
SU−200HF	Toray	50	250	1.50	1500
HTR−7410	Nitto	15	500	1.0	5000
NTR−7450	Nitto	51	92	1.0	5000
NF−PES−10/PP60	Kalle	15	400	4.0	5000
NF−CA−50/PET100	Kalle	85	120	4.0	5000

　　2. 对水中杂质的去除性能

　　（1）对水中无机离子的去除

　　不同压力下 NF（组件为 TS80 型，尺寸 2521）去除无机离子的效果列于表 4-7。

表4-7　在不同压力下NF去除无机离子的效果比较

项　目	0.9 MPa			1.35MPa		
	原水	膜出水	去除率/%	原水	膜出水	去除率/%
Cl^-/ (mg/L)	33.4	2.45	92.7	46.4	3.78	91.8
NO_2^-/ (mg/L)	未检出	未检出		未检出	未检出	
NO_3^-/ (mg/L)	3.58	1.80	49.8	3.11	1.3	51.4
Na^+/ (mg/L)	32.1	2.84	91.2	31.8	3.05	90.4
K^+/ (mg/L)	6.4	0.77	88.1	5.90	0.70	88.1
SO_4^{2-}/ (mg/L)	67.3	0.26	98.2	58.1	0.92	98.4
Ca^{2+}/ (mg/L)	43.0	0.75	98.3	41.1	0.63	98.5
Mg^{2+}/ (mg/L)	11.6	0.60	94.9	11.5	0.56	95.1
PO_4^{3-}/ (mg/L)	未检出	未检出		未检出	未检出	
碱度/ (mg/L)	64.3	7.0	89.1	50.6	6.08	88.0
硬度/ (mg/L)	155.8	4.34	97.2	150.6	3.91	97.4
电导率/ ($\mu S/cm$)	510.5	29.4	94.2	504.6	21.1	95.8

注：碱度及硬度均以 $CaCO_3$ 计。

由表4-7可看出，NF对带电离子的去除率大小顺序为 $SO_4^{2-} \approx Ca^{2+} > Mg^{2+} > Cl^- > Na^+$、$K^+ > NO_3^-$，说明NF对电荷高的离子去除率高于电荷低的离子；对相同价态无机离子，阴离子的去除率要略高于阳离子的去除率，这可能与NF膜带负电荷有关；在所试压力范围内，NP对无机离子的去除率随压力升高变化不大。

（2）对水中有机物的去除

纳滤对水中有机物的去除情况列于表4-8。发现在所检测到的16种有机物中有13种被纳滤去除（低于仪器检测水平以下），这些被去除的有机物主要是非极性的脂肪烃和疏水基占优势的邻苯二甲酸酯，以及部分含有极性基的羧酸和酰胺；对二价或多价离子及分子量介于200～500之间的有机物有较高的脱除率。对于一些进水中未检出而出水中检出的杂环类物质可能是由于由膜吸附并透过膜得到浓缩造成的；对三卤甲烷及DOC等有相当高的去除率说明NF在控制水的生物稳定性方面有很好的作用。

表4-8 有机物及色度去除效果

分类	物质名称	分子量	进水[1]/（mg/L）	出水/（mg/L）	去除率%
苯酚类	2，6一二叔丁基一4一甲基苯酚	220	√	×	
	2，6一二叔丁基一4一溴甲基苯酚	299	√	×	
稠环芳烃	萘	128	√	√	
邻苯二甲酸酯	邻苯二甲酸异辛二酯	390	√	×	
	邻苯二甲酸二异癸酯	418	√	×	
	邻苯二甲酸癸己二酯	390	√	×	
羧酸	3一硝基邻苯二甲酸	211	√	√	
	十二酸	200	√	×	
酰胺类	N一丁基苯磺酰胺	213	√	√	
	N一丙基苯磺酰胺	199	√	√	
	N一十四酸酰胺	227	√	×	
	壬酰胺	157	√	×	
脂肪类	三十六烷	507	√	×	
	四十四烷	619	√	×	
	三十烷	422	√	×	
	7一己基二十烷	366	√	×	
杂环类	苯并噻唑	135	×	√	
	1，2一苯并噻唑	135	×	√	
DOC[2]			15.0	1.4	90
THMs[2]			0.961	0.039	96
Color[3]			35	1	97
TOC[2]					

注：①√表示水中检出有机物，检出极限为1～10ppb（1 ppb＝10^{-9}）（色一质联机分析）；×表示水中未检出的有机物。

②DOC为溶解性有机碳；THMs为三卤甲烷生成潜势；TOC为总有机碳。

③Color为色度，PCU。

索里拉金（Sourirajan）研究了乙酸纤维膜对几种有机醇和酸的去除规律：正丙醇＞乙醇＞正丁醇；异内醇＞正丙醇；叔丁醇＞2一甲基丙醇＞异丁醇＞正丁醇；丙三醇＞乙二醇＞正丙醇；乙醛＞乙醇＞乙酸；丙酸＞乙酸；NaCl大于上面任一种有机溶质。上述现象可通过前述的结合水一空穴有序扩散模型、优先吸附一毛细孔流模型、溶解一扩散模型解释：溶质的渗透分为两个阶段，溶质被膜吸收（或溶解），然后经扩散或对流迁移；影响溶质吸收的分子特性包括水溶性、酸性和氢键结合能力。影响迁移的特性包括位阻因素，比如分支的结构和横断面的大小。

4.4.3 纳滤膜的制备方法简介

纳滤膜的表层较反渗透膜的疏松，但较超滤膜的致密，因此其制备关键是合理调节膜表层的疏松程度，以形成大量具有纳米级的表层孔。目前，主要有如表4-9所列4种制备方法。

表 4-9 纳滤膜主要制备方法和制作特点

类别	制作特点
L-S转化法	通过调节超滤膜或反渗透膜的制膜工艺条件将超过滤膜表层致密化或将反渗透膜表层疏松化而制得纳滤膜。
共混法	将两种或两种以上的高聚物进行液相共混，在相转化成膜时，利用它们之间的协同效应制成具有纳米级表层孔径的合金纳滤膜。
荷电化法	荷电的方法很多，如表层化学处理、荷电材料通过液—固相转化法直接成膜、成互聚合法、含浸法。荷电化法往往和其他方法共同结合使用以便膜的耐压密性、耐酸碱性、抗污染性、选择性得以提高。
复合法	在微孔基膜复合上一层具有纳米级孔径的超薄层。这是目前用得最多也是最有效的制备纳滤膜的方法，包括微孔基膜和超薄层的制备。

制备高性能纳滤膜的关键，首先是选择合适的膜材质，材料本身制约了所能选用的制膜方法、所能得到的膜的形态及所能适用的分离原理。选择何种聚合物作为膜材料并不随意，根据不同用途，一般应考虑其机械稳定性、热稳定性、化学稳定性，水解稳定性及抗菌能力；其次，还应考虑分子量、聚合物链的柔韧性、亲（疏）水性及链的相互作用等结构因素，以及材料性质与膜性质之间的关系，目的是通过适当的方法使材料改性，从而使得到的膜的结构和性能满足特定的分离要求。

在纳滤膜的制备方法中，L-S相转化法较为简单，但是有成效的制备小孔径的膜材料较少，同时该法制备的膜不具有优越的渗透通量，单纯靠改进制膜工艺来减小致密表层厚度受到一定的限制；复合法是目前应用最广也是最有效的制备纳滤膜的方法，与相转化膜相比，复合膜具有更高的自由度，可以针对活性层和支撑层分别进行优化，因此具有高的分离性能及渗透通量，但制备工艺相对复杂、成本较高；用荷电化法制备的纳滤膜具有优异的综合性能，目前工业化的 NF 膜大多是荷电膜。纳滤膜的各种制备方法之间相互联系，为制得性能优异的纳滤膜，在具体应用中常需结合使用。

4.4.4　纳滤膜分离技术特点

纳滤膜分离技术是一种高新技术，在水处理中的应用领域越来越广。其具有以下特点：

① 分离过程不发生相变，且在常温下进行，操作压力低，故能耗低，与反渗透相比，在相同应用场合下可省能 15%；

② 纳滤膜分离过程适用的对象广泛，大到肉眼可见的颗粒，小到离子和气体分子；

③ NF 膜的耐压密性较好，水通量和截留率随操作时间延长基本不变；

④ 分离装置简单、操作容易、易于自控和维修，投资及运行费用低。

值得注意的是，纳滤膜运行一段时间后会形成膜污染。膜面上污染物质的沉淀和积累，使水透过膜的阻力增加，妨碍了膜面上的溶解扩散，从而导致膜的产水量和出水水质的降低；同时，由于沉积物占据了盐水通道空间，限制了组件中的水流流动，增加了水头损失。膜污染类型主要有无机污染、有机污染和微生物污染（见表 4 - 10）。

表 4 - 10　纳滤膜的污染特点和机理

类　别	特　点	污染机理
无机污染	碳酸钙与钙、钡、锶等的硫酸盐及硅酸等结垢物质形成的污染，其中以 $CaCO_3$ 和 $CaSO_4$ 最常见。	主要是由于化学沉降作用引起的，其污染过程满足成核—生长两步机理。
有机污染	有机污染与膜的特性如表面电荷、憎水性、粗糙度等有关。由于纳滤膜由极性的、亲水性的材料制成的，故造成膜污染的有机物主要是两性有机物。	各类两面性有机物（如表面活性剂离子）通过憎水作用、氢键作用和色散力作用有膜表面形成吸附层，增加活化能，导致产水量下降。
微生物污染	水中的有机物和无机物由于边界效应和生物黏垢的黏附作用而吸附浓缩在膜上，为微生物提供了食源，微生物在膜表面生长。	由于微生物的新陈代谢作用，溶解性代谢物质易被吸附在膜上，在膜表面形成一层吸附膜，造成膜的不可逆阻塞，使产水阻力增加。

膜污染的清洗方法可分为物理方法和化学方法两大类。最简单的物理清洗方法就是定期采用低压高速的膜过滤水进行反冲洗；对初期有机污染，可采用膜过滤水与空气混合进行冲洗；对较为严重的污染，则应采用

化学法清洗。常用的清洗剂有柠檬酸、柠檬酸铵、酶洗涤剂、过硼酸钠、浓盐水、水溶性乳化液、双氧水溶液、次氯酸钠和甲醛、草酸和 EDTA 等，其配制和使用方法文献有详细说明。选用何种清洗剂应根据膜的性质和污染物的种类来确定。罗敏等人通过对膜污染的分析，确定了一种膜的快速化学清洗方法：先用酸性液洗去上部污垢，并可达到松动下层胶体的作用；然后再用碱性洗液清洗，可达到较理想的清洗效果。

4.4.5 纳滤膜在水处理中的应用

纳滤膜所具有的特殊的孔径范围和制备时的特殊处理（如复合化、荷电化），使得它对单价离子和分子量低于 200 的有机物截留较差，而对二价或多价离子及分子量高于 200 的有机物有较高的脱除率，因此，特别适用于以微污染的地表水为水源常规水处理工艺之后的深度净化。因为地表水中的有机或无机微污染物一般难以被水常规处理工艺全部去除，而采用反渗透方法则又会在去除这些微污染物的同时，将水中一些有益身体健康的低电荷无机离子如 Na^+、K^+、Ca^{2+} 等几乎全部去除。采用纳滤则可较好地解决这一问题，即在去除这些微污染物的同时，将水中一些有益于身体健康的低电荷无机离于部分保留下来。此外，采用纳滤去除有机微污染时还可消除水中氯消毒时产生三卤甲烷（THMs）的前体。

纳滤膜在水处理中应用主要有：溶液脱色和去除有机物；去除饮用水中加氯前三卤代烷（THM）前驱物（腐殖酸和灰黄霉酸）；海水脱除硫酸盐，去除水的硬度（软化）和降低溶液中 TDS 含量；去除地下水中的硝酸盐、放射性物质和硒；废水（液）的深度处理，等等。随着我国国民经济的发展和人们生活水平的提高，纳滤将在提高饮用水水质，水软化，染料、色素、药物和生物工程产品等净化和浓缩，油水深度分离及印染、纺织、化工和医药行业中废液（水）脱色处理方面得到越来越广泛的应用，并将创造极好的社会效益和经济效益。

1. 在给水处理中的应用

纳滤膜技术在去除饮用水中矿物质和降低饮用水硬度方面广泛。1995年，美国 Filmtech 公司研发的"NF70 膜"也称"水软化膜"）主要是应用于水质软化，该纳滤膜的操作压力为 0.5～0.7MPa，能去除水中 85%～95% 的硬度及 70% 的单价离子。该纳滤膜在美国已经得到普遍应用，美国佛罗里达州近几十年来新建的软化水厂都采用膜法软化，且软化效果良好。1998 年，比利时采用纳滤膜降低沿海地区饮用水硬度，结果表明，纳滤膜对钙离子的截留率达到 94%。国内在纳滤膜处理饮用水方面也取得了一些研究进展。1999 年，杭州水处理中心采用 NF90 纳滤膜组件为核心工序，在山东长岛建立了国内首套工业化大规模膜软化系统，成功地将苦咸水淡化，达到国家饮用水安全标准。

1993 年，法国巴黎的 Aurse Sur—Oise 水厂（产水量 2800m³/d）以地表水为水源，经混凝沉淀、臭氧氧化、过滤等预处理后，进入 NF 装置。其工艺流程如图 4-2 所示。在进入膜装置前，为防止 CO_3^{2-} 盐的沉淀，将预处理后的水酸化到 pH=6.5，并投加防垢剂预防无机盐类离子的沉淀结垢；采用 10μm 及 5μm 的 2 级精密度砂滤以防止颗粒物质对膜的污染。膜装置先后分别采用 Film Tech 公司的 2 种聚酰胺复合纳滤膜 NF—70 型（MWCO 为 200）及 NF—200B 型。膜装置为三段，其中第一段、第二段和第三段分别包含 8 个、4 个和 2 个压力膜单元组件，而每个单元组件内装有 6 根直径 20mm、长 1m 的 NF 膜。这种多段式设计可以把上一段 NF 膜的浓缩水继续进行分离，在操作压力为 7kg/m² 左右时，整个系统的水回收率为 85%。NF 出水经过脱 CO_2、调整 pH 值至 8.2、加氯等处理后进入管网。

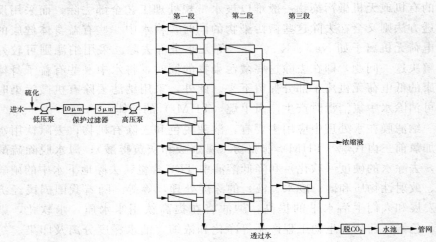

图 4-2　Aurse-Sur-Oise 水厂工艺流程图

长期运行数据表明，NF—70 型膜对水中有机物有良好的去除效果，其中对 TOC、UV 在 254nm 和 270nm 处吸光度、THMsFP（三卤甲烷生成势）等的去除率均大于 90%，最低的 TOXFP 也达到了 87%；出水生物稳定性高，当进水 BDOC（可生物降解的溶解性有机碳）为 0.9mg/L（以碳计）时，出水 BDOC 一般小于 0.1mg/L（以碳计），大大低于公认的预防管网细菌滋生的 0.3 mg/L（以碳计）的 BDOC 值。出水中有机物主要为氨基酸类（占 60% 左右）和糖类（占 20% 左右）等无毒、无害有机物。

相对 NF—70 型膜而言，NF—200B 型膜在保持几乎相同的对有机物的去除率条件下，无机离子的渗透率得以提高，如 NF—200B 型膜对水中 Ca^{2+}、Mg^{2+}、碱度、电导率等去除率约为 50%，低于 NF—70 型膜的 80%，

其出水电导率为 $380\mu s/cm$ 左右，总硬度为 140mg/L 左右。这样，NF—200B 型膜比水由于无机物浓度维持在一个较为合理的水平而无需进行再矿化，并且 NF—200B 型膜有较高的出水通量，从而可降低运行压力及运行费用；该膜的荷电性也使其抗有机物污染能力增强。

日本学者研究了以 MF/UF 做预处理的 NF 膜净化饮用水工艺（见图 4-3），所采用的 A、B 和 C 三种 NF 系统特性如表 4-11 所列。试验原水为经沉砂池处理的河水；选用的纳滤膜要求具有高的有机污染物（如 THMs 的前驱物）去除率和低的溶解固体如引起膜结垢的 SiO_2 的去除率。在系统 A 和 B 中分别加入了聚合氯化铝和次氯酸钠以使 MF 保持良好的运行效能。

图 4-3　NF 膜净化饮用水工艺

表 4-11　NF 膜净化饮用水工艺 A、B 和 C 三种系统中 MF、UF 和 NF 膜特性

工艺参数	系统 A	系统 B	系统 C
膜的类型 孔径/μm MWCO（Dalton） 元件类型 组件类型 预处理	MF 0.2 多管（陶瓷） 池中淹没 混凝②	MF 0.1 中空纤维 池中淹没 氯化	UF 13000 中空纤维 封闭 无
NF①元件类型 除盐率%	卷式，4 英寸 Toray SU610 55	中空纤维 Toyoba HS5205PI Toyoba HS505A 85（HS5205PI） 40（HS505A）	卷式，4 英寸（1 英寸＝0.0254m） Nitto Denko NTR—729 HF—84 92

注：①在试验期间，高除盐率的 NF 膜组件被低除盐率的 NF 膜取代。
②在试验后期混凝停止。

所有膜系统的产水能力约为 $3\sim5m^3/d$，平均过膜压力差为 535kPa。在 A 和 C 系统中使用 $1\sim2$ 个单元，而在 B 系统中使用 $2\sim3$ 个单元。2 个单元按 1：1 布设，而 3 个单元按 2：1 布设，在所有系统中液体是循环的，以提高它们在高回收率条件下的运行效能。

所试三种系统对污染物的处理效果列于表 4-12。这三种系统对色度、TOC 和三卤甲烷形成势、TOC 的去除效率均相当高，但对无机离子的去除率不高，由此可见，NF 对控制饮用水中的有毒有害有机物同时保留有益无机离子非常有益。

表4-12　NF对水中污染物的去除效果

污染物	系统A				系统B				系统C			
	原水	MF出水	NF出水	NF浓缩液	原水	MF出水	NF出水	NF浓缩液	原水	MF出水	NF出水	NF浓缩液
水温/℃	4.2	6.7	11.0	10.5	4.2	5.0	8.3	9.5	4.5	5.1	8.1	8.6
pH值	7.2	7.4	7.4	7.6	7.2	7.4	7.3	7.7	7.2	7.2	7.1	7.6
浊度/NTU	8.5	0.00	0.00	0.00	8.5	0.00	0.00	0.00	8.0	0.00	0.00	0.00
色度/PtCU	18	3	0	50	18	3	0	18	18	3	0	38
TS/(mg/L)	236	232	160	882	236	236	168	748	230	226	138	1000
EC/(μS/cm)	355	359	257	1133	358	365	288	916	358	359	225	1395
Na^+/(mg/L)	30.4	31.1	26.8		30.4	32.5	28.5		30.4	30.1	22.5	
Cl^-/(mg/L)	40.3	42.2	41.8		40.3	44.2	40.3		40.3	40.5	39.0	
硬度/$CaCO_3$ mg/L	94.1	89.6	52.3		94.1	88.6	53.6		94.1	90.2	37.5	
溶解的SiO_2/(mg/L)	23.9	24.6	23.8	29.9	23.7	24.4	22.9	44.2	23.8	23.6	22.5	43.2
ΣTOC/(mg/L)	3.1	2.4	0.27	18	3.1	2.2	0.50	8.6	3.1	2.0	0.16	15
E_{UV260}(分数.5cm Ⅳ)	0.184	0.187	0.046	1.540	0.183	0.246	0.136	0.800	0.185	0.174	0.044	1.360
THMsFP/(μg/L)												
$CHCl_3$	22	17	2	220	21	14	6	81	21	17	2	170
$CHBrCl_2$	14	14	2	28	13	12	5	30	13	13	1	48
$CHBr_2Cl$	7	8	2	1	6	7	4	8	6	8	1	8
$CHBr_3$	<1	<1	<1	<1	<1	<1	<1	<1	<1	<1	<1	
总计	43	39	6	249	40	33	15	120	40	38	4	226
MBAS/(mg/L)	0.11	0.14	<0.02		0.11	0.23	<0.02		0.11	0.16	<0.02	
ZMIB	4	3	<2		4	4	2		4	3	<2	
Geosmin/(μg/L)	5	6	3		5	6	4		5	6	<2	

注:1. 系统A NF膜型号 Toray SCM610;系统B Toyobo Hxt205A;系统C Nitto NTR-729hf-54;

2. 系统A的运行条件在A——5轮,B——2轮和C——6轮是相同的。

李灵芝等人进行了"用纳滤膜制取优质饮用水"的研究，其设计的循环制水试验的工艺流程为：自来水→活性炭柱→精密过滤器→水箱→NF 膜→出水。

该工艺中活性炭主要用于脱去余氯；$15\mu m$ 的精密过滤器用于去除水中较小的颗粒杂质；NF 膜用于去除水中的有机物、无机盐、细菌、病毒等有害物质。该处理过程在较高回收率的情况下，NF 膜出水中氯化物比自来水中的低约 90%，TOC 的去除率为 80%，且随着回收率的提高，TOC 去除率有所降低。NF 对 TOC 的去除率受压力、水温和原水水质的影响。在循环制水工艺中，NF 对 K^+、Na^+、Ca^{2+}、Mg^{2+} 的保留率随回收率增加而增大。对致突变物质的去除十分显著，使 Ames 试验阳性的水转为阴性。

总之，从上述应用实例可得出如下结论：

①NF 能有效地去除水的有机污染物，其中 TOC、THMsFP、DOC 的平均去除率分别为 $70\%\sim75\%$、95%，90% 以上；

②NF 出水能控制 DOC<0.23mg/L，BDOC<0.1mg/L，因此即使进入被细菌污染的管网中，可以明显地改善管网中细菌的稳定性，使后消毒更有效，并能减少 THMs 和 TOX（总的有机卤化物）的形成潜势；

③以去除有机物为主的新型纳滤膜对有机物有很高的去除率而使大部分的无机离子通过，在保持 90% 的有机物去除率条件下，出水电导率为 $380\mu s/cm$ 左右，总硬度为 140 mg/L 左右，使无机物浓度维持在一个较为合理的水平，作为饮用水不需再矿化。

2. 纳滤膜在污水处理中的应用

在城市生活污水和工业污水的处理中，以活性污泥为核心技术的各种生物处理法，由于分解速度慢、处理设备大、处理条件苛刻（如温度、pH值、浓度、充氧量、Eh 等）、微生物驯化困难等，使其实施运作的边界条件相对较严，往往耐冲击负荷性不强，缓冲能力较差，使得出水水质有所波动而不稳定；特别是对"三致"性毒物和环境激素效应类污染无能为力。而其他物理化学方法，如沉淀法、吸附法、萃取法、化学氧化法等存在二次污染、低效率、高运转费用等缺点，难以满足日益提高的环保要求。近几年才发展起来的纳滤膜用于处理行水有其特点，若在生物处理后加一纳滤环节，不但可进一步滤除水中残余的无机有毒物质和有机有毒物质，提高出水水质，对缺水地区，这些经纳滤处理的再生水还可以循环利用。此外，运用纳滤法可以较好地去除色度以及难降解污染物，甚至浓缩分离水中的金属离子等无机物，因此，纳滤膜不光在生活污水处理上得到应用，在工业废水处理上也逐渐被采用。

（1）在城市污水处理中的应用

Larbot 等通过控制适当的热处理条件，用溶胶-凝胶法制制得了孔径为 4~100nm 的各种 Al_2O_3 和 TiO_2 超细过滤膜。这类无机超细过滤膜化学稳定性好，可用于酸、碱性介质，而且能耐 500℃ 以上的高温及承受 10~100Pa 的压差。将絮凝沉淀后的污水通过带有纳米孔径的特殊水处理膜和带有不同纳米孔径的陶瓷小球组装的处理装置后，可以将水中的细菌、病毒 100% 的去除，得到高度纯净水，完全可以饮用。这是因为细菌、病毒的直径比纳米大，在通过纳米孔径的陶瓷小球时，就会被过滤掉，水分子及水分子以下的矿物质、元素就会被保留下来。用生物降解/化学氧化法结合处理生活污水，由于氧化剂浪费太高，残留物较多，因此生物处理后增加一纳滤环节，让易被微生物降解掉的小分子（Mw＜100）透过排放，而截留并浓缩难生物降解的大分子（Mw＞100）物质，并使之进入化学氧化器后再去生物降解，这样就可充分利用生物降解性，节约氧化剂用量，降低最终残留物含量。工艺流程如图 4-4 所示。

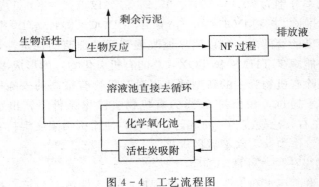

图 4-4 工艺流程图

此外，若在上述工艺流程中省略化学氧化池/活性炭吸附池，也就形成分置式膜生物反应器。目前分置式好氧型膜生物反应器在小规模污水处理，如建筑污水、雨水实践中得到较广泛应用。

（2）在印染废水处理中的应用

印染废水中含有相当数量的浆料、染料，回收这些物质不仅可以减少环境污染，而且可以降低印染成本，具有很高的环境效益和经济价值。在回收浆料、染料时，应根据废水水质特点，分别回收利用。退浆废水中主要是浆料，浆料的存在影响到印染废水的处理，危害环境，但可以利用纳米级孔隙的过滤膜加以分离浓缩回用。另外，对染色印花废水可采用单独分流，其中士林染料及硫化染料可在分别酸化后投加高效絮凝剂，通过沉淀过滤法回收；还原染料和分散染料用纳米孔径的陶瓷小球和超细过滤膜组合过滤回收。废水经染料回收后，其色度可减少 85%，硫化物减少 99%。在染料工业中，粗制染料含盐率可达 40% 左右，并含有相当量的异构体。为脱除盐分，先将其稀释到约 5%，再经纳滤膜脱盐到 0.1%，同时染料浓缩到 12％；最后继续脱水将染料浓缩到 20％～30％。可作此类应用的膜有 NTR7410、NTR7450 和 PA－50 等。在 2.0MPa 压力下，对 8.0％的染料，通量可达 15～20L/（m² · h）。另外，在 1.8MPa 压力下，用一种管式聚砜膜可将分子量为 781 的一种染料溶液脱色，对该染料的截留率可达 97％～99％，水通量达 0.6～0.8m³/（m² · h）。

　　Xu 等采用孔径为 2～5nm 的 NF－45 纳滤膜分别处理 5 种单一染料溶液和 1 种工业染浆溶液，去除率均高于 98.5％。刘梅红等采用醋酸纤维素纳滤膜处理染料废水，结果表明，纳滤膜技术能有效截留废水中的染料和有机物，而废水中的无机盐则几乎 100％能透过膜，膜对废水的色度和 COD_{Cr} 的去除效果也较好。纳滤膜可以替代吸附和电化学方法处理制浆与造纸工业废水中大量的污染物，除去深色木素和来自木浆漂白过程中产生的氯化木素，有报道称用超滤－纳滤联合（UF/NF 膜）技术处理牛皮纸生产废水具有很好的效果。

　　（3）在石油化工行业废水处理方面的应用

　　原油加工需要经过洗油这一步骤。原油经水洗、相分离之后就会产生大量的含油含盐废水，如果直接排放就会造成原油的浪费和大量的污染。由于油相与水相的（相对）密度和分子大小不同，因此，运用纳米技术，用硝酸纤维素或聚偏氟乙烯制备的 NF 膜将其分离成富油的水相和无油的盐水相。将浮油的水相加到新鲜的供水中重新进入洗油的工序，这样既回收了原油又节约了水的供应。这种 PVDF 膜在 0.7MPa 压力下，可将含油 160mg/L 的废水处理到含油小于 21mg/L 的可排放的废盐水，NF 膜分离技术还可以用在乳化剂的回收中。对油水乳化液的处理可以将膜分离技术和高速离心机结合起来，经两级处理含油 4.5％ 的废水，回收乳化液废水中的润滑油。另外，在石化工业中有许多反应和操作过程需在有机溶剂中进行，这样就会产生大量的含有有机溶剂的废水。过去常用反渗透和相分离联合处理该类废水，但经反渗透浓缩后往往达不到相分离点或是相分离点不稳定（相分离时间长），使得相分离失败，或因再分离槽中分离不完全，造成在返回循环系统时继续相分离而污染膜表面。因此，在反渗透前加纳米滤膜可以解决这一问题。石化企业的一些催化剂生产车间排放大量浓度在 8000～15000mg/L 之间的季铵盐废水。处理这样高浓度的废水，一方面要回收铵；另一方面要将废水中的有机物去除。为此可先用一种聚丙烯酸弱酸性离子交换树脂吸附废水中的 NH_4^+，接着再用 NF 膜进一步处理，回收其他有用成分，处理后的水可作原水使用。含酚废水中主要有苯酚、邻甲酚、间硝基酚、对硝基酚、对氯酚、对胺基酚等，此类物质毒性都很大，必须除去后才能排放。对此类废水，可先将它们用 ClO_2 氧化成酸，再中和成盐，然后用纳滤膜浓缩并回收利用，而透过液还可以作循环水使用。目前，用反渗透膜或纳滤膜处理含酚量小于 5.0% 的废水，对酚的脱除率可达 95% 以上。对石油化学工业联合废水的处理，常用的方法是浓缩后焚烧和曝气。蒸发和反渗透均不适宜作为浓缩的手段，因为它们除不掉废水中的盐分，而是浓缩成高盐分的废水，这种废水会对焚烧炉和曝气装置产生很大的腐蚀。NF 膜在浓缩废水中有机成分的同时，可让部分盐分透过，从而避免高盐分对装置的腐蚀。聚酯纤维生产时一般用强碱水解重整来提高纤维性能，水解后废水中含有一定的水解产物，可先用纳滤膜将废水中的悬浮固体和胶体去除，将透过液酸化成对二甲酸，经 NF 膜浓缩后重新用来生成聚酯纤维。另外，废水中含有很多生物不能降解的低分子量的有机物，这些问题如用纳滤膜就可以得到很好地解决。

化工厂的二次污水主要来自冲灰、除尘及冷却系统，此类污水中含有大量的悬浮固体、灰分及高含量的盐分和部分有机物。如果直接排放，既浪费了水源，又污染了环境，而利用膜分离技术可很方便地把此类水处理成可用的工业回用水：首先，用微滤将水中的全部悬浮颗粒、99% 的 BOD、98% 的 COD、73% 的总氮和 17% 的总磷去除，同时将水中的菌落总数降到 3～4 个/L；然后加酸降低 pH 值以除去 CO_2；最后再经纳滤脱盐，达到锅炉用水的质量。潘巧明等采用膜生物反应器（MBR）与纳滤（NF）相结合的集成膜技术处理糖蜜制酒精废水，结果表明，处理后出水的 COD<100mg/L，色度降低到 1%，水质达到国家一级排放标准，废水回收率大 80%。

（4）在重金属离子的废水治理

冶金及机械制造等许多工业行业均会产生含有重金属离子的废水。目前运用纳滤膜技术对该类废水进行处理已取得较好效果，且费用较低。对于含有镉、汞、镍、钛等重金属高价离子的废水，在较低的压力下可以高效地将它们脱除，且费用较反渗透等其他技术低得多。

4.5　纳米材料的吸附与强化絮凝技术

4.5.1　纳米粒子吸附与强化絮凝原理

纳米微粒尺寸小，表面能高，位于表面的原子占相当大的比例，且随着粒径的减小表面原子数迅速增加、原子配位不足加上高的表面能，使这些表面原子具有很高的活性，极不稳定，很容易与其他的原子结合，因此，纳米微粒具有很强的吸附能力。在常规水处理过程中，絮凝是重要的工艺流程之一，其处理效果的好坏直接影响到后续处理流程乃至出水水质。利用纳米粒子的强吸附能力，可以增强对溶解性杂质如有机污染物的絮凝处理效果。利用纳米粒子的强吸附能力来强化絮凝一般有两种方式：

①在絮凝过程中，投加纳米微粒，利用其超强的吸附能力，吸附溶解性有机污染物，然后通过絮凝方法凝聚沉淀吸附了有机污染物的纳米微粒，从而达到将污染物从水中分离的目的。沉淀后纳米微粒可通过其他处理方法在去除所吸附的有机污染物后进行再生。

②将纳米颗粒与絮凝剂配比混合后直接投加使用。

4.5.2 纳米材料在污水处理中的应用

由于纳米材料的比表面积很大，表面原子数增多，表面原子的晶场环境和结合能与内部原子不同，表面原子周围缺少相邻的原子，有许多悬空键，具有不饱和性，会发生瞬间迁移，这些表面原子一遇到其他原子，会很快结合使其稳定化，这一特性使得聚凝剂很容易通过纳米材料搭桥形成絮凝体（矾花），且絮凝体密实、吸附沉淀效果好，吸附能力是普通净水剂的 $10\sim20$ 倍，絮凝沉降速度可提高 1 倍以上，且沉淀物易于脱水；污染物去除率高。这些都是纳米材料与絮凝剂的表面能的协同效应所致，以物理化学的表面效应为主，纳米材料起了诱导作用，呈现絮凝的强化功能。纳米水处理剂在超高效净化器内与市政污水在很短的时间内得以充分的混凝，污泥沉淀效率得以提高，沉淀池容积可以减小，既节约了空间又缩短了流程。与传统的方法相比，治理污水投资及运行费用都有所下降。

工业废水，特别是冶炼行业的废水中含有大量的重金属离子，如铜、铅、锑、砷、汞，甚至贵金属等。这类重金属离子用一般的生化方法难以降解，排入水体后，它们在自然环境中能长期存在，不仅会破坏水体的生态平衡，而且会通过食物链聚集，最终在人体内不断地富集，导致人体的免疫力下降，引起重金属慢性中毒，在日本就曾发生过重金属汞和镉污染而造成的"水俣病"、"病痛病"等公害事件；再者，这些重金属离子具有很高的利用价值，如此排放流失是资源的一种极大的浪费。含重金属离子的废水治理技术是目前水处理的难题之一。

新的一种纳米技术可以将污水中的贵金属如金、钌、钯、铂等提炼出来，变害为宝。采用纳米磁性物质、纤维和活性炭的净化技术可以有效地除去水中的铁锈、泥沙以及异味等污染物。另外，将半导体纳米颗粒与絮凝剂按一定的比例配合，制成超高效水处理剂。将这种水处理剂与废水混合后，由于纳米材料的搭桥作用，迅速生成矾花，而且利用纳米粒子比表面积大，表面原子易与其他原子、离子相结合的特点，充分发挥其强吸附能力的作用，将水中的重金属离子吸附去除，使处理后的水达标排放，并对沉淀污泥进行处理，回收有用金属资源。有报道称这种纳米水处理剂已用于处理含有铅、砷、汞等有害离子和大量有回收价值的锌的矿山废水。在处理过程中，首先将水中的锌选择性地沉降回收，然后再去除其他有害物质。废水净化后，重金属去除率达 99% 以上，二沉池出水中锌、砷、铝等 10 项指标全部达到或优于国家一级排放标准，完全可作为生产用水循环使用；废水中锌的回收率达到 96.9%，锌渣脱水后平均含锌率达到 38.9%。经核算，该治理技术每立方米废水处理成本支出仅 0.8 元，比传统购石灰中和法降低 44.2%；工程占地面积、工程一次性投资减少 40% 左右；且废水处理工艺流程简单易行，无需特殊设备，操作易于控制，废水处理现场干净整洁，省去了劳动强度繁重的石灰消化程序。

石化行业废水中的油、溶剂、硫、碱、盐、酚等杂质如果直接排放，不仅会造成水体的污染，破坏水体的生态平衡，引起水中生物的死亡，并通过食物链对人类的健康产生影响。另外，石油开采时，从稠油中分离出的污水（简称石油污水）中含大量的油以及胶泥、硫化亚铁、细菌残骸等杂质，它们与稠油所含的天然乳化剂乳胶质、沥青质、有机酸等结合在一起，极易乳化，形成已不是简单的水包油（O/W）或油包水（W/O）体系，而是油水层层镶嵌的乳状液，这种乳状液用常规方法很难处理。

纳米聚凝剂具有超亲水性和超亲油性，因此，选择适当的亲油性絮凝剂对稠油污水进行混凝试验发现，经破乳后，膜内的油得以释放出来，并被吸附在絮凝剂上；经过絮凝沉淀后，可以大幅度地去除污水中的油。沉淀后的吸附水中污染物的纳米材料还可以进一步通过光催化和热处理等物理方法来降解所吸附的油并回收利用纳米材料。若在投加混凝剂的同时，辅以投加适量的助凝剂（如 PAM 等），则将大大地提高净化效果。由于含油污水带的多数是负电荷，因此，需要选择带高价正电荷的多核络离子的絮凝剂，其对含油污水的异荷离子的吸附能力很强。由于稠油污水乳化液膜坚固、稳定，单独使用絮凝剂净化效果不是很好，但是当小剂量的破乳剂与絮凝剂复合使用时，破乳析出的小油珠、杂质等立即被纳米级絮凝剂的多核络离子吸附，形成细小的絮凝体。在投入适量的助凝剂（如 PAM）后，通过高分子量的聚丙烯酰胺的吸附架桥作用，细小的絮凝体立即凝聚成大絮体，稠油污水经过这种处理后，水质清亮，杂质、含油量、细菌含量均低于能源部 SY5329—88 推荐的水质标准；矿化度低、侵蚀性离子 Cl^-、SO_4^{2-} 含量少。因此净化处理后的水可以作为回注地层用水。

4.6 纳米材料的还原性在水处理中的应用

20 世纪 80 年代以来，纳米零价金属作为有效去除水中污染物的还原剂逐渐受到人们的关注，目前的研究主要涉及纳米铁、纳米镍、纳米锌等。由于铁化学性质活泼，FeO 的电负性大，还原能力强，因此近年来研究比较活跃。纳米零价铁对废水的处理主要是还原作用、微电解作用、混凝作用、吸附作用等综合作用的结果。据 L. J. Matheson 等报道，在 FeO —H_2O 体系中存在 3 种还原剂，金属铁（FeO）、亚铁离子（Fe^{2+}）和氢气（H_2），因此有机氯化物的脱氯过程有 3 种可能的反应途径以及吸附作用。另外，在偏酸性条件下处理废水时产生大量的 Fe^{2+} 和 Fe^{3+}，当 pH 值调至碱性并有氧存在时，会生成 $Fe(OH)_2$ 和 $Fe(OH)_3$ 絮状沉淀，$Fe(OH)_3$ 还可能水解生成 $Fe(OH)^{2+}$、$Fe(OH)_2^+$ 等络离子，它们都具有很强的絮凝性能，因而可以吸附水中不溶性的污染物，而且纳米铁本身比表面积大，有着优良的吸附性能和反应活性，使其吸附能力尤其突出。纳米级零价铁通过还原和吸附作用使有机氯化物脱氯，将氯代烃逐步变为简单的碳氢化合物，使其毒性降低，为进一步生物降解创造了条件。利用纳米级铁粉进行水处理是一类非常有发展前途的技术，尤其在我国含氯化合物污染情况较为严重的情况下，开发和利用此类技术具有十分重要的意义。但在已有的研究中，对于反应的动力学特征、氯代烃氯化程度和降解速率之间的关系等都没有进行深入的研究和讨论。同时还可以看出，此类技术的降解机理和降解工艺还不成熟，需要进一步加以研究。

4.7 磁性纳米材料在水处理和锅炉给水中的应用

（1）在水处理中的应用

磁性纳米材料由于比表面大的特点，对六价铬具有较好的吸附作用，可以在较宽酸度范围吸附大量的六价铬，并且吸附效率高，吸附时间短，材料可以重复使用，对于处理环境污水中的六价铬具有一定的应用价值。同时，磁性纳米材料对水中的砷也具有很好的吸附能力，而且砷一旦被吸附就很难分离。在试验中，水中悬浮着的纳米磁性材料在磁场作用下都被移出了溶液，只剩下净化水，可以使饮用水中砷污染物含量降低到美国环保署要求的水平。

（2）在锅炉给水中的应用

锅炉的给水质量是影响锅炉安全运行和使用寿命的重要因素。如果锅炉给水不经过水质处理，会造成锅炉和管束的结垢和腐蚀。给锅炉带来巨大的危害，如降低锅炉热效率，增加燃料使用量；导致受热面导热性能变差，造成锅炉爆炸等。因此，为了防止锅炉系统结垢和腐蚀，必须对锅炉给水进行处理。传统的方法有离子交换法、化学药剂法等。磁处理方法是一种较新的方法。磁除垢技术是建立在"磁致胶体效应"基础上的，所谓磁致胶体效应，是指具有相变趋势的物系，由于磁场的作用使物系内部的能量发生转变，诱发物质相变，导致生成的新相分布弥散细小。在磁场的作用下，胶体颗粒生成的几率增加，胶体能形成亚稳定过渡态，形成胶体的稳定台阶性提高。

纳米结构材料与常规多晶材料和非晶材料在结构上，特别是磁结构上有很大的差别，这必然使得纳米结构材料在磁性方面也会呈现其独特的性能。如纳米晶 Fe 的磁结构具有每个纳米晶粒为一个单的铁磁畴的特点。相邻晶粒的磁化由两个因素控制：一是晶粒的各向异性；二是相邻晶粒间磁交互作用使得相邻晶粒朝向共同磁化方向磁化。纳米结构材料的颗粒组元，由于尺寸小到纳米量级使得它具有与粗颗粒不同的磁性，如高矫顽力、低的居里温度；颗粒尺寸小到某一临界值时，纳米微粒粉体会呈现超顺磁性，产生较大的磁场。用这种纳米材料制作锅炉给水进水管和循环水系统上的循环水泵的出水管或者在原管道内层涂抹一层纳米金属粉末，可以大大增加磁性，提高磁处理水的能力，倘若制成波纹管式磁防垢除垢器，则可以克服一般磁场除垢器磁场衰减度大、磁性材料利用率低的弱点，并且强化了流体的扰动作用，增加了磁场梯度的变化，使水处理的效果得到较大的提高。

第5章 纳米技术在治理大气污染、噪声污染等方面的应用

5.1 纳米技术在治理空气污染方面的应用

2013 年 3 月 15 日，国家环境保护部吴晓青副部长就"环境保护与生态文明建设"相关问题答记者问中说道："……对我们来说，中国国情决定了城市化、工业化的快速发展，我们现在既要治理二氧化硫、氮氧化物，更要加大治理细颗粒物 PM2.5 的力度，其复杂性可想而知。靠什么呢？必须依靠科技。科技是解决环境问题的利器"。

目前，作为 21 世纪三大主导技术之一的纳米技术已成功应用于大气污染的治理。利用纳米技术治理有害气体主要体现在如下几个方面：①利用纳米材料所具有的催化活性，一方面，催化降解气体中的污染物；另一方面，提高燃料的燃烧效率，从而减少废气的排放；②利用纳米材料（颗粒、介孔固体等）的巨大比表面而具有的优良吸附性来吸附分离气体中的有害成分。

5.1.1 纳米材料的催化活性

纳米材料有很高的催化剂活性。其主要作用为：

① 提高反应速度，增加反应效率。如把金属纳米粒子和半导体纳米粒子掺杂到燃料中，可作为火箭助推器和煤中助燃剂，如用纳米银粉作为火箭固体燃料反应触媒，燃烧效率可提高 100 倍。

② 提高反应的选择性。如用硅载体镍催化剂催化丙醛的氧化反应表明，镍粒径在 5nm 以下时的反应选择性发生急剧变化、醛分解得到控制，生成酒精的选择性急剧上升。

③ 降低反应温度。如 Au 超微粒子固载在 Fe_2O_3、Co_3O_4、NiO 中，在 70℃时就具有较高的催化氧化反应活性。

④ 增加化学反应的接触面及表面的活性中心数。一方面，纳米材料表面光滑程度差，形成凹凸不平的原子台阶，增加化学反应的接触面；另一

方面，表面原子配位不全导致表面的键态和电子态与颗粒内部不同，导致表面的活性中心数增加，从而提高催化活性。

下面介绍几类常用纳米粒子催化剂：

（1）金属纳米粒子催化剂

用作此类催化剂的以 Pt、Rh、Ag、Pd 等贵金属为主，还有 Ni、Fe、Co 等非贵金属。常将金属盐（如 $PtCl_3$、$PdCl_3$ 等）溶在表面活性剂形成的微乳中，再经还原制出 3～5nm 的超细金属粒子。如贵金属纳米粒子铑作为催化剂，应用到高分子高聚物的氢化反应中，显示了极高的活性和良好的选择性。这是由于烯烃双键碳原子往往与尺寸较大的官能团——烃基相连接，致使双键很难打开，如果加入粒径为 1nm 的铑微粒后，可使打开双键变得容易，使氢化反应顺利进行，并且，氢化速度与金属铑粒子的粒径成反比。

（2）负载型金属纳米粒子催化剂

通常把粒径为 1～10nm 的金属纳米粒子催化剂先分散到载体材料的表面、孔隙中，然后在载体上固定。催化剂的负载一方面是指将催化剂固定到光滑平整的载体上并形成均一连续的薄膜，一般具有一定的光学特性；另一方面是指仅仅将其固定到载体上。固定方法有粉体烧结法、溶胶-凝胶法、离子交换法（ion－Exchange）、液相沉积法（liquid phase deposi－tion，LPD）、阳极氧化水解法（anodic oxidative hydro1ysis，AOH）等，以粉体烧结法和溶胶-凝胶法最为常用。溶胶-凝胶法工艺因其具有简单、光催化活性高、普适性高等特点而最具有广泛的应用前景。超细的 Fe、Ni 与 $\gamma-Fe_2O_3$ 混合物轻烧结体可以代替贵金属而作为汽车尾气净化剂。

用作衬底的材料有多种，一般说来，多为无机材料，以硅酸类为主；其次有金属和金属氧化物、活性炭、沸石等。在选择载体时必须综合考虑各方面的因素，如光效率、光催化活性、催化剂负载的牢固性、使用寿命、价格等。比较而言，性质稳定、易得、便于设计成各种形状的玻璃和陶瓷较为理想，其次是吸附剂类，如活性炭等。除了选用上述物质作载体外，根据不同的应用目的还可选用其他一些材料，如松木屑、漂珠可用于水面油污处理时催化剂的载体；掺杂或涂敷催化剂的纸可设计成墙纸用于室内空气净化；此外，还有 SiO_2、Si 片、水泥以及石英砂等。

（3）金属氧化物纳米粒子及其负载型催化剂

金属氧化物（TiO_2、CdS、ZnS、PbS、PbSe、$ZnFe_2O_4$、碳化钨、Al_2O_3、Fe_2O_3 等）纳米粒子及其负载型催化剂，应用广泛，如二氧化钛等半导体纳米粒子的光催化效应在农药及其他有机污染物的降解等方面有重要应用；如做成空心小球可利用阳光对海上石油泄露造成的浮油污染进行处理；如在汽车挡风玻璃和后视镜表面涂一层纳米 TiO_2 薄膜，可起到防污和防雾作用。

5.1.2 纳米催化剂在汽车尾气处理中的应用

燃油燃烧所排放的汽车排放的尾气是我国城市空气的主要污染源之一。尾气中主要有害成分有一氧化碳（CO）、碳氢化合物（HC）、氮氧化合物（NO_x）、硫化物、颗粒（铅化合物、黑炭、油雾等）、苯并［α］芘、醛（甲醛、丙烯醛等）等，其中 CO、HC 及 NO_x 是汽车污染的主要成分，对人体的危害程度最大。

降低汽车尾气中有害物的排放浓度有两条途径：一条途径是改进发动机的燃烧方式，使排出的废气中污染物的产生量减少，称为机内净化；另一条途径是利用安装在发动机外的净化设备，对排出的废气进行净化治理，称为机外净化。

1. 纳米技术在汽车尾气机内净化中的应用

燃油燃烧过程中会产生多种有害、有毒气体，造成大气污染，破坏生态环境，损害人类的健康。减少尾气的排放量最根本的解决方法就是改进发动机的燃烧和对燃料进行处理。

（1）纳米技术在改进发动机燃烧效率中的应用

汽车尾气中污染物的多少与燃油的燃烧效率有很大关系。燃烧效率的提高，可以通过使用更轻、更耐用的陶瓷，以减轻发动机的质量，使发动机允许工作温度提高，燃烧更完全来实现。使用陶瓷做发动机缸体，目前最迫切需要解决的问题是如何提高陶瓷的强度使其能承受更高的温度。使用纳米技术可增强陶瓷的强度、硬度、韧性和塑性。

研究表明，未经烧结的纳米陶瓷的生坯强度和硬度都比常规陶瓷材料低得多，其原因是纳米陶瓷生坯致密度很低。为了提高纳米陶瓷密度，增强断裂强度，通常采用烧结的方法，并且通过加入添加剂来进一步提高烧结致密度；常用的添加剂有 Y_2O_3、SiO_2、MgO 等。采用上述措施制备的纳米陶瓷强度、硬度及其他综合性能都明显地超过同质的常规材料。据 1987 年美国的 Argon 实验室 Sieger 等人报道，用惰性气体蒸发法制备的金红石结构的纳米 TiO_2 陶瓷（平均粒径为 12nm），致密度达 95%，在同样烧结温度作用下，该纳米陶瓷硬度高于常规陶瓷。

大多数陶瓷是由离子键或共价键组成的，与金属材料和高分子材料相比，它有自己的特性：熔点高、硬度高、弹性模量高、高温强度高、耐磨、耐蚀、抗氧化等。许多精细陶瓷（又称特种陶瓷），如 Al_2O_3、ZrO_2、Si_3N_4、SiC、TiC、TiB_2 等都是优异的高温结构材料。然而，特种陶瓷与传统陶瓷一样，其塑性变形能力差、韧性低、不易成型加工。研究表明，利用纳米技术，可改善陶瓷材料的韧性并使其达到工程化应用水平：一方面，纳米陶瓷晶粒极细，晶界数量大幅度增加，可使陶瓷的强度、韧性和超塑性大为提高；另一方面，纳米粉末有巨大的比表面积，表面能剧增，烧结活化能降低，因而烧结致密化速度加快，烧结温度降低，既可获得很高的致密度，又可获得纳米级尺度的显微结构组织。这样的纳米陶瓷将具有上佳的力学性能，还有利于减少生产能耗，降低成本。例如，纳米 Al_2O_3 的烧结温度比微米级 Al_2O_3 降低了 300℃～400℃；纳米 SiC 陶瓷的断裂韧性比普通 SiC 提高 100 倍。

在陶瓷基体中引入纳米级分散相粒子进行复合，使陶瓷材料的强度、韧性及高温性能得到大大改善。纳米复合陶瓷一般分为三类：

（a）晶内型，即晶粒内纳米复合型，纳米粒子主要弥散于微米或亚微米级基体晶粒内。

（b）晶间型，即晶粒间纳米复合型，纳米粒子主要分布于微米或亚微米级基体晶粒间。

（c）晶内/晶间纳米复合型，由纳米级粒子与纳米级基体晶粒组成。日本纳新原皓一总结了几种纳米复合陶瓷的力学性能改善情况（见表 5-1），发现纳米复合技术使陶瓷基体材料的强度和韧性提高 2～5 倍，工作温度提高 25%～133%。在氧化物陶瓷加入适量纳米颗粒后，强度和耐高温性能明显提高，如 SiC（nm）/AgO 纳米复合陶瓷在 1400℃仍然具有 600MPa 的强度。这表明，在解决 1600℃以上应用的高温结构材料方面，纳米复合陶瓷是一个重要途径。

表 5-1　纳米复合陶瓷的力学性能改善情况

纳米复合陶瓷	断裂韧性/MPa·m$^{1/2}$	断裂强度/MPa	最高工作温度/℃
SiC（nm）/Al_2O_3	3.5～4.8	350～1500	800～1200
Si_3N_4（nm）/Al_2O_3	3.5～4.7	350～850	800～1300
SiC（nm）/AgO	1.2～4.5	340～700	600～1400
SiC（nm）/Si_3N_4	3.5～4.8	850～1550	1200～1500

纳米陶瓷种种优良特性表明，使用纳米陶瓷代替汽车发动机的金属汽缸以减轻发动机的质量，并提高发动机的运转温度已具备条件。目前，已有几家公司正着手于这方面的研究。纳米陶瓷汽缸的广泛使用，可使汽油燃烧更充分，效率更高，从而可以大量减少汽油的消耗量及尾气的排放量。日本最近开发出纳米压电陶瓷——PZT（钛锆酸铅），其断裂强度可达 150MPa，断裂韧性为 1.5MPa·m$^{1/2}$，比传统 PZT 提高了 3.4 倍。在交流

电压下，经反复加载疲劳测试表明，该材料明显能抵抗裂纹扩展。这种新型的压电陶瓷，由于有极好的机械和电性能，因而应用前景广阔。现已有公司着手开发这种新型的压电陶瓷用于制作汽车发动机缸体。测试表明，用这种新型压电陶瓷制成的汽车发动机缸体，其所能承受的温度和压强比普通金属缸体要高很多，这样可提高燃烧温度及燃烧效率，以减少汽车尾气排放量及燃油使用量。

此外，有几家化工公司正开发一种可以用来代替汽车中的金属构件的纳米粒子增强型复合材料。这种纳米复合材料的广泛使用可能使汽油的燃烧量每年减少 15×10^8 L，二氧化碳的排放量每年至少减少 50×10^8 kg。

（2）纳米技术在燃油添加剂中的应用

常规的燃油喷入气缸后，成为细小的油滴，在汽缸出口处，油滴内核燃烧不完全，形成积碳和有害气体如氮氧化物 NO_x、CO 等，同时燃油中含有的有机硫生成 SO_2。因此，许多城市大气中的悬浮物、CO、SO_2 和 NO_x 含量超过国家标准，每年空气污染造成的经济损失达千亿元。NO_x 不仅影响柴油机和其他内燃机的性能，对人体的危害也很大；SO_2 易形成酸雨；CO、粉尘等严重危害人类健康。

①微乳化燃油

微乳燃料油由燃料油、水、表面活性剂、助溶剂等组成，外观透明或半透明，略显蓝色，属于热力学稳定体系，长时间放置不分层。微乳化燃油技术是当今社会节能降耗最重要的技术之一。微乳化燃油在节约能源、保护环境和创造经济效益方面都具有优势，因为微乳燃料油有其其独特的燃烧特性。

燃烧机理　目前公认的乳化油燃烧机理为"微爆理论"。"微爆理论"是 1965 年，Ivanov 在进行乳化油滴蒸发和燃烧的研究时提出的。其基本原理是，微乳化燃油体系中，油和水两种组分的挥发性（沸点）相差较大时，水（易挥发组分）增溶于油滴中心，油（不易挥发的组分）则处于液滴外围。在气缸的高温下，水首先汽化，油滴体积急剧膨胀，液滴破碎，分散成许多更小的油滴，增加了油与空气的接触面积，促进油完全燃烧。

节能　对于油包水柴油微乳液，由于水的沸点低于燃油沸点（130℃以上），因此当油表面燃烧时，内部水滴受热并汽化，体积急剧膨胀，产生的巨大压力使油滴爆破，形成二次雾化，使油和空气的接触面积大大增加，减少了物理上的不完全燃烧和排烟损失，提高了燃烧效率，使内燃机达到节能的效果。

环保　在水滴汽化使油滴爆破的过程中，整个汽缸产生强烈的气流湍动，使空气和雾化柴油接触更加充分，显著地加速了燃烧，提高了燃烧效率。水在燃烧过程中汽化成水蒸气，产生许多·OH 活性基团，使 CO 尽可能完全燃烧，水煤气反应加速燃油裂解所形成的焦炭的燃烧，抑制了烟尘的生成。水滴汽化需吸收热量，防止燃烧火焰局部高温，油掺水燃烧改善了燃油与空气的混合比例，降低了过剩空气系数，从而抑制了 NO_x 的生成，减少了环境污染。另外，还可在燃油中加入其他助剂，如 NO_x 净化剂、SO_2 清除剂等，大幅降低尾气中有害气体的含量。南昌大学生物工程技术研究中心在对微乳柴油的节油率、尾气分析和烟度测试中，发现在各种工况条件下微乳柴油都具有节能作用；与 0# 柴油相比，微乳柴油尾气中 CO 降低 8.3%、CH 化合物降低 9.5%、NO_x 降低 28.5%，降污作用显著。

低成本 由于微乳油是稳定的 W/O 型，对内燃机没有腐蚀和磨损，而且还能起到清洁剂的作用，因此可以降低内燃机的维修费用。

②纳米技术在微乳化燃油添加剂中的应用

从分散体系的界面张力来着手分析，没有表面活性剂存在时，水界面张力为 $30 \times 10^{-3} \sim 50 \times 10^{-3} \mathrm{N/m}$，有表面活性剂存在时下降到 $4 \times 10^{-3} \sim 10 \times 10^{-3} \mathrm{N/m}$。当在表面活性剂作用下形成微乳液时，界面张力将大大下降，甚至可能暂时小于 0 而成为负值。正是这种负界面张力推动体系中分散相的分散度加大，界面扩大，最终形成均一、稳定、透明的微乳液。在实际应用中，表面活性剂为主要乳化剂。纳米微粒由于其粒径小而具有大的比表面积、表面原子数比例大，由此导致表面原子配位不饱和而产生大量的悬键和不饱和键，从而使得纳米微粒具有很高的表面活性。因此，将纳米微粒作为表面活性剂制成的微乳化燃油添加剂，加入后能在燃油中迅速成球形水珠，这种介观尺度的水珠可以在室温下获得每秒十几米的热运动速度，从而使燃油在布朗运动的作用下形成热力学稳定的微乳液。在燃烧室内，燃油雾滴（$100 \mu m$ 以上的尺度）在压缩机械功的作用下，其温度会在压缩冲程后期超过水的沸点，从而使燃油雾滴中的水珠发生蒸汽爆炸，进而使燃油分裂成纳米尺度的油气颗粒（分子团）而完全汽化，并充分而均匀地燃烧。其结果必将降低尾气中 HC、CO 等的排放量并减少由于汽缸内周期性爆燃所致非均匀地燃烧产生的 NO_x。实测表明，使用纳米微乳化燃油添加剂后，尾气排放减少 40% 以上，最多可达 95%。此外，根据微型液体理论，使用纳米微乳化燃油添加剂后的燃油雾滴中水珠爆炸燃烧过程还会使燃油的物理活性提高，进而提高燃油的燃烧性能，这两种作用的综合结果使燃油的消耗大幅度降低，发动机的动力性能大幅度提高。同时，在发动机的每个工作循环，燃油雾滴中的水珠都会产生数亿次的微型蒸汽爆炸。对新的发动机，这种作用防止了燃烧室内表面的积炭生成，起到随时养护的作用。对旧的发动机，这种过程会使原有的积炭分解，并随废气排出，发动机的设计工作点得以恢复。

这种纳米燃油微乳化剂可降低发动机对辛烷值的需求，使低标号的汽油具有高标号汽油的相同或更好的表现。同时，它还可消除活塞做功的周期性差异，提高动力性能，节约燃油，降低排污，改善车辆性能。总之，纳米燃油微乳化添加剂是一种全新概念的、具有综合性能的第四代环保型燃油添加剂，其优越性能是其他任何燃油添加剂无法比拟的。目前，这种纳米燃油微乳化剂已在我国研制成功并正式投入生产。长沙矿冶研究院和岳阳长炼兴长企业集团公司采用最新纳米技术，以多种原料复合研制成了新一代燃油添加剂——多利纳米燃油添加剂。通过纳米水核内包裹催化剂组成纳米复合添加剂的催化，加上微爆原理，在节能、环保等方面有突出的表现。多利纳米燃油添加剂在国家授权机构及其他应用单位组织了一系列的试验和运行，取得了很好的效果，其优良性能主要体现在：

（a）节约燃油：平均节约燃油 6%～20%。

（b）降低排污：可使污染物（CO、CH、NO_x、PM）排放降低。

（c）消除积碳：可防止炭黑和胶质的生成，同时具有清除原有积炭的作用，清除积炭达 85% 以上。

（d）提高综合性能：产品含有促进燃烧的助剂，对改善燃烧的稳定性、抗爆震度等都有很好的作用，提高动力性能 20% 以上。

此外，纳米材料因其优越的催化性能，可作为石油脱硫剂。工业生产中使用的汽油、柴油以及燃料的汽油、柴油等，由于含有硫的化合物而在燃烧时产生 SO_2 气体，是空气中 SO_2 的污染源。纳米钛酸钴（$CoTiO_3$）是一种非常好的石油脱硫催化剂，以 55～70nm 的钛酸钴作为催化硅胶或 Al_2O_3 陶瓷作为载体的催化剂，其催化效率极高，经它催化的石油中硫的含量小于 0.01%，达到国际标准。工业生产中使用的煤燃烧也会产生 SO_2 气体，但如在燃烧的同时加入一种纳米级助燃催化剂不仅可以使煤燃烧充分，不产生一氧化碳，提高能源利用率，而且还会使硫转化成固体的硫化物，而不产生二氧化硫、三氧化硫等含硫有害气体，从而减少和消除 SO_2 对空气的污染。

2. 纳米技术在汽车尾气机外净化中的应用

（1）机外净化概述

机外净化指利用发动机外净化反应装置在尾气排出汽缸进入大气之前，同时将 CO、HC 和 NO_x 转化为无害气体的过程。汽车尾气机外净化的研究主要集中在两方面：一方面是防止汽油蒸发；另一方面是尾气后处理。机外净化采用的主要方法是催化净化法，有一段净化法（又称催化燃烧法）、二段净化法、三效催化法等，其中以三效催化转化技术最有效。三效催化转化器的核心技术包括载体、活性催化剂、水洗层和助剂等部分。蜂窝状整体载体通常利用陶瓷或不锈钢材料制成；活性催化剂主要是

Pt、Pd 和 Rh 等贵金属，它们可使 CO 氧化为 CO_2，HC 氧化为 CO_2 和 H_2O，NO 还原为 N_2；水洗涂层主要是 Al_2O_3、SiO_2、MgO 等氧化物，其作用主要是增大催化剂活性组分与尾气的接触面积；而铈、镧稀土氧化物等助剂可提高催化剂的整体热稳定性，提高催化剂的使用寿命。

商业化三效汽车尾气催化转化器，一般可将汽车有害气体排放量减少 95% 以上，但存在着明显的不足：

（a）它对于燃油和发动机的设计都有着很苛刻的要求；

（b）所用的贵金属资源相对匮乏，价格不断上涨，对催化剂厂商造成巨大的压力；

（c）贵金属尾气净化器会对环境造成二次污染，如产生氧化亚氮。

鉴于上述诸多原因，许多生产商和相关的研究人员努力寻找替代贵金属的材料，稀土曾一度受到重视，但因为稀土催化剂与贵金属催化剂相比，活性和稳定性等关键技术问题尚未能满足各国日益苛刻的法规要求，故至今还未得到广泛的商业应用。

（2）纳米技术在汽车尾气机外净化处理中的应用

目前，利用纳米金超微粒子（5nm）负载在活性氧化铝上成型、烧结，已成功用作汽车尾气净化催化剂。在该催化剂作用下，首先由氧与一氧化氮反应生成氧化氮，再将氧化氮（NO_x）与烃类（如丙烯）或一氧化碳反应，还原成氮气。而采用金超微粒子/沸石分子筛或者金超微粒子/氧化铁和氧化镍的复合物作为催化剂时，则可在 60℃ 的温度条件下，促使一氧化氮与一氧化碳优先反应生成氮气和二氧化碳，实现尾气的催化净化。另外，用溶胶-凝胶法得到的气凝胶材料具有非常大的比表面积，用这种材料作催化剂载体时可以提高催化效率。如以 Al_2O_3 基气凝胶为载体的 Pb 催化剂对 NO_x 气在 270℃ 下还原反应的催化效率要高于以传统陶瓷为载体的 Pb 催化利的催化效率。

由于 Pt、Au、Ag 等贵金属资源严重匮乏，使用廉价催化材料代替贵金属用于尾气净化已势在必行。如使用纳米 Fe、Ni 与 Al_2O_3 混合轻烧结体可以代替贵金属作为三效催化器的活性催化剂，使汽油燃烧时不再产生一氧化碳、氮氧化合物和对环境造成二次污染的其他气体。同样，复合稀土化物的纳米级粉体，如以活性炭为载体的纳米 $Zr_{0.5}Ce_{0.5}O_2$ 粉体，也具有极强的氧化还原性能，它的应用可以彻底地解决汽车尾气中一氧化碳（CO）和氮氧化物（NO_x）的污染问题。纳米 $Zr_{0.5}Ce_{0.5}O_2$ 粉体之所以具有其他催化剂难以比拟的催化活性的原因，主要是由于其表面存 Zr^{4+}/Zr^{3+} 及 Ce^{4+}/Ce^{3+} 对，电子可以在其三价离子和四价离子之间传递，因此具有极强的电子催化氧化还原性；再加上纳米材料比表面大、空间悬键多、吸附能力强，因此它可在氧化一氧化碳的同时还原氮氧化物，使它们转化为对人体和环境无害的气体。

除一氧化碳和氮氧化物外，尾气中其他有害成分也可利用纳米催化剂分解。纳米 Fe_3O_4 微粒作催化剂可以在较低温度（270℃～300℃）下将 CO_2 分解。纳米银粉可以作为乙烯氧化的催化剂。工业生产和汽车使用的汽油、柴油等，在燃烧时会产生 SO_2 气体，这是 SO_2 最大的污染源。利用纳米 TiO_2 可以从模拟汽车废气（含有硫化氢气流）中有效脱硫，纳米 TiO_2 在 500℃经 7h 后从模拟废气中除去的总硫量比所试验的常规 TiO_2 除去的量约大 5 倍。更为重要的是，在暴露 7h 后，纳米 TiO_2 除硫的速度仍然相当高，而实验的其他脱硫剂样品均已钝化。纳米钛酸钴（$CoTiO_3$）是一种非常好的石油脱硫催化剂，以 55～70nm 钛酸钴作为催化活体，多孔硅胶或 Al_2O_3 陶瓷作为载体的催化剂，其催化效率极高。经它催化的石油中硫的含量小于 0.01%，达到国际标准。

下面具体介绍两种新型纳米催化剂在汽车尾气机外处理中的应用。

(1) 纳米钙钛矿型 $LaMnO_3$ 催化剂

不含贵金属的 ABO_3 型钙钛矿复合氧化物催化剂，由于结构稳定，组成明确，具有良好的氧化还原特性和耐高温性能，一直受到人们的重视。南京理工大学的韩巧风等人曾以堇青石为载体，由溶胶法和溶液法制得高度分散、高比表面积的纳米 ABO_3 型氧化物催化剂 $LaMnO_3$。其中，$LaMnO_3$ 单体的制备由 La_2O_3 溶于适量 65%～68% 的硝酸后，按化学计量加入 Mn 的硝酸盐，形成均匀溶液后加入 PEG，搅拌形成溶胶，于 80℃～100℃脱水形成凝胶，经真空中干燥 5～8h 后置于马弗炉中 600℃焙烧得产品。负载型 $LaMnO_3$ 催化剂的制备是先将蜂窝基体在 400℃下灼烧 1h，以除去表面油污；然后，在硝酸铝与聚乙二醇溶胶中浸渍约 0.5h，所得样品于 80℃～100℃干燥，再在 600℃灼烧数小时以形成一层 Al_2O_3；再按需要浸渍 ABO_3 配比的溶胶，经干燥、灼烧、热处理得产品。溶液法制备过程与上述类似，但焙烧温度要达到 900℃且焙烧时间需适当延长。$LaMnO_3$ 纳米材料对汽车尾气进行净化处理试验在南京跃进集团公司进行：将催化剂安装在依维柯汽车的消声器部位，进气总压 99.7kPa，油温 34℃，分别在急速、正常行驶及倒拖时测定催化剂活性。尾气中 CO、HC 采用 MEXA－324 型 CO/HC 红外线气体分析仪分析，NO_x 采用 FQN 型 NO 红外线分析仪分析。在依维柯汽车上测试的催化剂活性数据见表 5－2 和表 5－3。

表 5-2 钙钛矿型氧化物的三效催化性能

催化剂制备法	发动机转速/(r/min)	测功机读数	燃油消耗量/(kg/h)	CO			HC/(mg/L)			NO$_x$/(mg/L)		
				净化前	净化后	净化率/%	净化前	净化后	净化率/%	净化前	净化后	净化率/%
溶胶法	850（怠速）		1.6	0.4	0.16	60	10000	4900	51	49	29	40
	2000	43	4.3	0.2	0.04	80	800	168	79	1260	869	31
	2000	17	3.4	0.3	0.02	93	1220	61	95	37	259	30
溶液法	倒拖		2.0	0.5	0.15	70	25000	5000	80	16.5	73	56
	2000	43	4.3	0.2	0.06	70	800	232	71	1260	945	25
	2000	17	3.4	0.3	0.06	80	1220	207	83	370	296	20

表 5-3 行车过程纳米 LaMnO$_3$ 催化活性变化

里程/km	CO			HC/(mg/L)			NO$_x$/(mg/L)		
	净化前	净化后	净化率/%	净化前	净化后	净化率/%	净化前	净化后	净化率/%
<1	0.3	0.02	93	1220	61	95	370	259	30
10000		0.06	80		231	81		296	20

表 5-2 数据表明，由溶胶法制得的 LaMnO$_3$ 催化剂对 CO、HC、NO 的转化率都高于溶液法制得的 LaMnO$_3$。特别是当测功机读数为 17、燃油消耗量在 3.4kg/h 时，CO 的转化率达 95%；即使当汽车怠速行驶及倒拖时，CO 和 HC 的转化率仍很高。这主要是因为催化剂的活性与其比表面积成正比。用溶胶法制备催化剂时，由于聚合物长链—（CH$_2$CH$_2$O）—在形成凝胶时蜷曲起来，具有类似于冠醚的作用，醚链中的氧可以与金属离子发生配位作用。焙烧过程中不易产生偏析形成杂相，因此所获得的纳米晶产品粒径小，分布均匀且无团聚。再则，由于 PEG 是非离子型表面活性，分子链子中有醚链，端基为羟基，两者都是亲水型基团，其分子链可以在微粒表面形成亲水性保护膜，防止团聚，抑制颗粒长大；并且其长链还能起到机械隔离的作用。而用溶液法制备样品时，由于热处理温度很高（900℃），处理时间长，导致粒径增大，比表面积减小。表 5-3 数据说明，在行进近 10000km 的过程中，催化剂稳定性很好。因此，将钙钛矿型复合氧化物制备成纳米材料进行汽车尾气处理是一种行之有效的改进方法。

（2）纳米 $Zr_{0.5}Ce_{0.5}O_2$ 催化剂

用于汽车废气治理的 CeO_2 的催化剂通过表面的 Ce^{4+}/Ce^{3+} 氧化还原对进行氧化还原反应。此外，CeO_2 还能促进贵金属的分散，增加氧化铝载体的热稳定性，促使水汽转化反应的进行，从而高效地氧化 CO 和烃，同时还原 NO 为 N_2。研究发现，掺杂 Zr^{4+} 等离子之后形成的 Ce—Zr—O 固溶体具有更高的氧化还原反应性能，为研究不含贵金属的汽车尾气治理催化剂开拓了新思路。研究进一步证实，不同 Ce/Zr 比的固溶体有不同的结构，其中立方相 $Zr_{0.5}Ce_{0.5}O_2$ 固溶体有最低还原温度，因而有最佳催化性能。

以共沉淀法制备 Ce—Zr—O 固溶体时，在液相反应阶段、干燥阶段和灼烧阶段分别采取快速喷射和加入表面活性剂，正丁醇共沸蒸馏脱水以及选择适当灼烧温度等手段控制团聚体的生成，制得超细 $Zr_{0.5}Ce_{0.5}O_2$ 颗粒固溶体。XRD、TEM 及比表面积等的测试结果表明，该催化剂是面心立方结构、有较高比表面的超细颗粒。Zr^{4+} 掺杂较均匀的超细固溶体，具有较大晶体结构规整性。缪建英等人的实验证明，该超细固溶体对甲烷燃烧的催化性能大大改观，其氧化还原汽车废气其他成分为无害气体的性能也大大提高。

5.1.3 纳米材料在大气净化中的应用

由燃料燃烧所引起的 NO_x、SO_2、CO_2 等大气污染已越来越严重。这些污染可引起酸雨、臭氧层破坏、温室效应、光化学烟雾等，从而破坏地球生态环境和危害人体健康及动植物生长发育。此外，近年来，随着室内装饰涂料油漆用量的增加，室内空气污染问题已越来越受到人们的重视。调查表明，新装修的房间内空气中有机物浓度高于室外，甚至高于工业区。目前已从空气中鉴定出几百种有机物质，其中许多物质对人体有害，甚至有些是致癌物。因此，如能找到一种在环境中净化这些有害气体的简单、易行、廉价的方法，无疑将大大改善现有的空气环境质量。

大气污染物随风飘移，而阳光无处不在。因此，借助太阳能这种最洁净的能源来净化大气中的 NO_x、甲醛、甲苯等污染物无疑具有诱人的前景，为此，人们进行了各种光催化研究，开发了多种光催化材料；TiO_2 由于其极高的光催化活性和超强的着色力及遮盖力，一直在化工催化及涂料行业中扮演着重要角色。近年来，纳米 TiO_2 作为一种极强的光催化剂更进一步引起了研究者们的高度重视。利用光能和水产生活性氧，以此来分解环境中的污染性物质。研究表明，纳米 TiO_2 对 NO_x、甲醛、甲苯等污染物的降解效果几乎可达到 100%。因此，在涂料中加入纳米材料，如纳米级 TiO_2、ZnO、$CnCO_3$、SiO_2 及炭黑等作为颜填料或助剂，除了可以显著提高涂料的机械强度、耐腐性能、耐光性和耐候性外，还可利用纳米半导体材料的强光催化活性降解空气中的污染物。

1. 纳米 TiO_2 光催化脱降 NO_x 的机理

作为 N 型半导体材料，TiO_2 能带是不连续的，价带和导带之间存在一个禁带。当用光子能量大于或等于禁带宽度的光照射 TiO_2 时，其价带电子被激发，跃过禁带进入导带，同时在价带上形成相应的空穴。在电场作用下，电子与空穴分离并迁移到粒子表面不同位置，进而还原和氧化吸附在物质表面的物质。光致空穴有很强的得电子能力，可夺取半导体颗粒表面有机物或溶剂的电子，使原本不吸收光的物质被活化氧化，而电子受体则通过接受表面上的电子被还原。电子与水及空气中的氧反应生成氧化能力更强的 $\cdot OH$ 及 O_2^- 等，正是 $\cdot OH$ 及 O_2^- 最终将 NO_x 氧化成 NO_3^-。TiO_2 对大气中的 NO_x 的净化机理可用图 5-1 表示。

必须指出的是氧化 NO_x 生成的 NO_3^- 会残留在催化剂的表面，当累积到一定浓度时会使催化剂活性降低，所以利用 TiO_2 转化 NO_x 时需要水的洗净、再生。

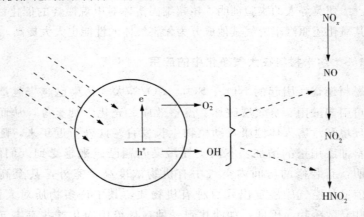

图 5-1　TiO_2 光催化剂氧化脱除大气小 NO_x 的模型图

2. 纳米材料在涂料中的应用

（1）应用条件

从工程应用的角度来说，纳米材料用于大气净化涂料，必须满足一定的条件。

首先，纳米微粒应均匀地分散到涂料中。纳米微粒比表面积及表面张力很大，容易吸附而发生团聚，将这种易团聚的粒子在溶液中有效地分散成纳米级粒子是比较困难的，而如果没有良好的分散，它在涂料中会失去应有的作用。目前，涂料制造通常采用高速研磨分散的方法，当添加纳米材料作为添加剂时，就很难使纳米粒子进行充分分散。此外，对粒子进行表面改性，使粒子表面包覆一层低分子量的表面活性剂或聚合物稳定剂，使其获得稳定的纳米级分散。也可采用纳米复合材料制备过程中所用的分散方法，如超声波分散等。

其次，对于光催化纳米材料如 TiO_2，其形状应尽可能地易于接触含 NO_x 的大气和接收紫外线辐射，也就是说粉末颗粒自身必须具有较大的比表面积，这一点可通过细化颗粒粒径实现；同时，要使颗粒表面尽可能地与大气及阳光接触，则必须做成薄膜状，并且需固定化。

固化融合剂应具有：（a）既不损坏，且又保持光催化剂活性；（b）比表面积大；（c）光催化剂的作用不会使其老化；（d）不生成 NO_2；（e）耐水性；（f）对环境无害，无毒性；（g）维护建材等各种实用材料固有的性能等。

要完全满足上述条件的材料是很困难的，但首要的是要满足除去 NO_x 的需求。为此，应在黏合剂上尽量多地混合比表面积大的纳米 TiO_2 粉末，以增大光催化剂的活性表面，使其在脱除 NO_x 时，可保持必需的反应物和生成物。为了提高吸附能力，必要时可添加活性炭等。

（2）大气净化涂料的调制

大气净化涂料常采用硅系及溶胶-凝胶系两类。硅系一般用于耐热、脱臭涂料，这类涂料虽然气体透过性好，但不能充分脱降 NO_x。溶胶-凝胶系由烷氧基硅烷类 $[(R_1)_n—Si—(OR_2)_{4-n}]$ 水解缩聚反应生成，其为细孔发达的多孔质涂膜，涂料制造流程如图 5-2 所示。

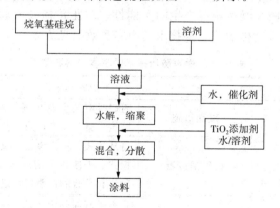

图 5-2　溶胶-凝胶涂料的制造流程

调制的涂料在脱脂或经过喷砂处理的玻璃板或者无锈钢板上涂布，并在 180℃～200℃ 的温度下干燥成膜。将制成的膜试样置于硼硅玻璃制的流通式反应器内，在光化学荧光灯（紫外线灯，波长 320～400nm）照射下，进行空气（含 $1.0×10^{-6}NO$）连续脱 NO_x 试验。这种能净化 NO_x 的大气净化涂料要求粉末状光催化剂的形状易于接触含 NO_x 的大气和接受紫外线辐射，并且固定化，所以通常制成平面涂料膜。用它进行脱 NO_x 发现，光催化剂含量增加，脱除率也相应提高，但脱除性能与膜厚有关，这表明不仅膜的表面，而且内部的光催化剂也发挥着净化 NO_x 的作用。溶胶-凝胶涂膜实验证明，当纳米 TiO_2 含量为 $50\%\sim60\%$ 时，光催化效果最好，涂膜强度最强。

要说明的是，活性氧与大气中的 NO_x 经催化作用生成的硝酸会残留在光催化剂的表面上，故需要水（如户外降雨等）的洗净、再生，同时户外试验表明，洗净光催化剂的出水几乎无酸性，可完全被大气中的粉尘等中和化。

5.2 纳米技术在噪声控制中的应用

从广义上讲，一切人们不需要的声音都可称之为噪声，它具有可感受性、即时性、局部性的特点。一般来说噪声是不致命的，而且几乎没有后效，因此噪声污染就容易被忽视。然而噪声并非无害，它对人的生理和心理都有影响，其中最明显的是听觉损害，同时也有各个方面的非听觉影响。噪声加剧时，受害人常会出现头昏脑胀、心跳加快、肠胃不适以及血压上升等症状；如果长期暴露在强烈噪声下会使人耳聋，并且再也不能复原。所以控制噪声对保证人们的正常工作和身体健康具有重要意义。

噪声防治技术可分为声源处理技术和防止传播技术两部分：所谓声源处理技术就是减少噪声声源产生的可能性；防止传播技术就是屏蔽和阻止声源发出的声音的传播。这些技术的内容和效果见表 5-4。

表 5-4　噪声防治技术的基本内容和效果

防治技术的种类		基本内容和效果
声源方面的措施	减噪措施	阻碍噪声发生及传播；降低流速；减少摩擦；避免撞击；防止共振等。
	设置消声器	可从管式、扩张室式（又称膨胀式）、共振式、干涉式等消声器选择适当的噪声频谱相符合的消声器，进行设计安装。
	隔声罩（隔声间）	在查明所需隔声量后，确定隔墙的结构，将声源围住隔离； 按声学要求隔声罩（隔声间）应完全密闭；内部采用吸声处理，以便对噪声的主频率做最大程度的吸收；该设计是可以实施的。
	防振（隔振、减振处理）	安装防振橡胶、弹簧等，减少振动传播率；或者在噪声辐射面或隔声罩体内表面涂敷阻尼材料进行减振处理；减振效果最大为 15dB。

防治技术的种类	基本内容和效果	
传播途径上的措施	增大距离 （使声音扩散）	声源远离防噪区；在超过声源最大尺寸范围处声级衰减按距离增加 1 倍衰减 6 dB；考虑声源大小、形状确定衰减量。
	改变声源传播方向 （指向性措施）	将辐射出强烈噪声的方向变为防噪区，这种措施对高频噪声声有效，通常能减低噪声.10 dB。
	设置屏障（衍射）	利用屏障降低噪声直接传播能力，该措施通常能减低 10～15dB，最大为 25dB。

噪声防治措施成功的秘诀就在于如何灵活地运用这些技术。将纳米科技融入噪声防治技术中，以便更有效地控制主要噪声源（交通噪声和工业噪声）对环境的污染，必将是未来噪声防治技术的发展方向。目前纳米技术在控制噪声方面的具体应用尚不多。因此，现仅就纳米材料在控制摩擦噪声方面的理论研究做简要介绍。

汽车刹车时发出的尖叫声是由摩擦引发的高频自激振动而致，这种摩擦噪声通常可高达 90～100dB，对人体健康有很大影响，有必要对其进行控制。

摩擦是产生摩擦噪声的主要因素，减少摩擦便可有效地从声源上控制噪声的产生，这属于噪声防治技术中的声源处理技术。随着纳米摩擦学的发展，利用纳米技术可以有效地减少摩擦，并减少摩擦噪声的产生。据报道，当机械设备等被纳米技术微型化以后，其相互撞击、摩擦产生的交变机械作用力将大为减少，噪声污染便能得到有效控制。运用纳米技术开发的润滑剂，能在物体表面形成永久性的固态膜，产生极好的润滑作用，减少摩擦，从而大大降低机器设备运转时的噪声。由此可见，润滑是减少摩擦进而降低摩擦噪声的一个重要手段。

将纳米材料应用于润滑是一个全新的研究领域。由于纳米材料具有比表面积大、高扩散性、易烧结性、熔点降低等特性，因此以纳米材料为基础制备的新型润滑材料应用于摩擦系统中，其减摩抗磨作用将不同于传统荷载添加剂的作用方式。这种新型润滑材料不但可以在摩擦表面形成一层易剪切的薄膜，降低摩擦系数，而且可以对摩擦表面进行一定程度的填补和修复，起到抗磨作用。

近年来，一些国内、外学者对各种纳米粒子作为润滑油添加剂所起到的减摩、抗磨作用做了一些考察验证工作，并对其作用机理做出了一些推测。现根据减摩抗磨机理的不同，将纳米材料在润滑技术中的应用分为以下 4 个方面。

1. 支承负荷的"滚珠轴承"作用

研究发现，由二烷基二硫代磷酸（DDP）修饰的 MoS_2 纳米粒子用作抗磨添加剂时，可以大大降低摩擦系数（$\mu_k < 0.1$），而且提高了荷载能力。这主要是由于 MoS_2 纳米粒子的球形结构使得摩擦过程的滑动摩擦变为滚动摩擦，从而降低了摩擦系数，提高了承载能力。

吴志申等人采用 XPS、FTIR、DSC、TGA 等多种现代分析手段表征了硬脂酸修饰 ZrO_2 纳米微粒的结构为立方体或四面体的晶体结构；并在四球摩擦磨损分析试验机上首次评价了表面修饰 ZrO_2 纳米微粒用作润滑油添加剂的摩擦学性能，结果表明，ZrO_2 纳米微粒具有良好的抗磨减摩性能，且提高了承载能力。

徐涛将超分散金刚石粉末（UDP）纳米粒子作为润滑油添加剂进行摩擦实验，发现 UDP 纳米粒子（粒径平均为 5nm 的球形或多面体微粒）具备优良的荷载性能和抗磨减摩能力，尤其能在高载荷作用下发挥效力。摩擦副表面的分析结果表明：在边界润滑条件下，UDP 粒子不仅支承摩擦件的负荷，而且可以避免摩擦副表面直接接触，当剪切力破坏润滑膜时，UDP 纳米粒子在摩擦副表面间的滚动作用可以降低摩擦系数，减少磨损。

富勒烯（C_{60}）是由 60 个碳原子相互连接成一个封闭的球笼形结构，直径约为 1nm。其独特的结构、物理和化学性质已成为材料科学研究的前沿课题。Bhushan 研究了 C_{60} 粉末作为固体润滑剂的作用机理，认为 C_{60} 由于具备中空对称的球状结构，分子间以范德华力结合，表面能低，化学稳定性高，其分子链异常稳定，在摩擦过程中的作用近似于 MoS_2 的层状结构，容易沉积在摩擦金属表面，形成沉积膜，并且由于 C_{60} 的球状结构使其可以在摩擦副表面间自由滚动，起到了减摩抗磨作用。室温下，C_{60} 分子在机械摩擦作用下，就可以从六角密锥堆积结构转变为面心立方结构。C_{60} 分子之间的滑移是比较容易产生的，而且这种滑移类似所谓的"分子滚动"，由于这种特殊的结构特性，C_{60} 作为新型摩擦学材料的研究已经受到重视，人们正设法将它制成超级润滑剂。

总之，以上研究结果认为纳米粒子减摩抗磨机理可由基于边界润滑理论中的鹅卵石模型来解释，即认为纳米粒子尺寸较小，可以认为近似球形，在摩擦副表面上可像鹅卵石一样自由滚动，起支承负荷作用而使润滑膜的耐磨性提高。

2. 薄膜润滑作用

陈爽通过四球机考察以沉淀法合成的由二烷基二硫代磷酸修饰的 PbS

纳米微粒（粒径为 3～5nm）在润滑油中的摩擦行为发现，PbS 纳米微粒良好的抗磨效果是由于在摩擦过程个的高温高压导致 PbS 纳米微粒熔化并在摩擦表面形成了边界油滑膜的缘故；同样地，用沉淀法合成的经二乙基己酸（EHA）表面修饰的 TiO₂纳米粒子（平均粒径 5nm），添加在基础油中进行四球机摩擦磨损实验，并用 X 射线电子能谱（XPS）测试分析摩擦表面，分析表明，经表面修饰的纳米 TiO₂之所以显示出良好的抗磨能力及良好的载荷能力，是由于 TiO₂纳米粒子在摩擦表面形成了一层抗高温的边界润滑膜。

王其华将粒径小于 100nm 的 SiO₂纳米粒子填充的块状聚醚醚酮（PEEK）紧压在滚动钢球上，旋转钢球一定时间后，用扫描电子显微镜观察钢球表面发现：有 SiO₂纳米粒子填充的聚醚醚酮对钢球的摩擦磨损作用显著降低，而且随着载荷的增大，摩擦系数相应减小；钢球的磨损率随着纳米粒子添加量的增大而降低。辅以 SEM 观察分析后，认为 SiO₂纳米粒子在钢球表面形成一层超薄致密膜，起到了减摩抗磨作用。

梁起等人采用吸附共沉淀表面修饰法制备了磷酸烷酯修饰的 CePO₄纳米微粒，并将其分散于基础润滑油中考察其摩擦学行为。结果表明，在相同条件下，CePO₄纳米微粒作为润滑油添加剂比商品添加剂 T202 具有更好的减摩作用，且随着添加剂浓度增加，其摩擦系数、磨斑直径呈先降后升状态，在浓度为 0.1％处达到最低点。此后，他们又采用吸附共沉淀表面修饰法在醇－水混合体系中制备了以 La₂(C₂O₄)₃为核、有机磷化合物为表面修饰层，在有机溶剂中具有良好分散性的 La₂(C₂O₄)₃纳米微粒，并将其分散于润滑基础油中考察其摩擦学行为。结果表明，La₂(C₂O₄)₃纳米微粒在摩擦过程中与摩擦表面形成了牢固的吸附膜，阻止了金属对之间的接触，具有良好的减摩、抗磨及承载性能。

周静芳等人在水－醇混合介质中，采用同阳离子共沉淀法合成了有机化合物表面修饰的 Ag₂S 纳米微粒，在高速钢基底上制备成膜，并研究了它的摩擦学特性。结果表明，修饰后的 Ag₂S 纳米微粒粒径小、性能稳定，在有机介质中分散成透明溶液。AgDDP 膜和 Ag₂S－DDP 膜均可显著降低钢基底的摩擦系数。研究证实表面修饰 Ag₂S 纳米微粒的摩擦作用机制是在较低负荷下表面修饰层起主要作用，在较高负荷下 Ag₂S 纳米核起主要的承载和减摩抗磨作用。

叶毅等人利用二氧化碳超临界干燥法制备出的纳米硼酸镧、纳米硼酸铈、纳米硼酸镍及纳米硼酸铜 4 种粒子，在自行设计的特殊摩擦试验中进行了摩擦学性能评定，并与市售的商品 ZDDP 进行了对比，发现二者性能差异极大。这可能是由于纳米粒子起着一种称为干涸润滑（parched lubrication）的作用：润滑油中的纳米粒子因其较高的表面能而更易吸附到摩擦副表面，在"缺油"的状态下，因为没有流体循环，则能稳定地保持在摩擦表面，起到分离摩擦副表面、减小磨损的作用。

董浚修研究了硼酸盐、硅酸盐、烷氧基铝等无机材料纳米粒子作为极压添加剂的摩擦性能，发现这些添加剂在极压条件下并未与摩擦金属表面发生化学反应，而其中有效元素如 B、Si 等渗入金属表面，形成具有极佳抗磨效果的渗透层或扩散层，并称这一过程为"原位摩擦化学处理"。

总而言之，在上述研究中，通过 SEM、XPS 等微观测量设备观察摩擦件表面的分子结构、组成变化，并结合纳米粒子高扩散性、易烧结的特点，研究者们提出了纳米粒子薄膜润滑的解释，加深了对纳米粒子润滑作用的认识，为纳米材料在润滑技术中的应用奠定了良好的理论基础。

3. "第三体"（the third body）抗磨机理

当使用由溶胶-凝胶法合成、乙醇超临界流体干燥技术得到粒径约为 20nm 的 TiO_2 微粒和粒径约为 $10\sim70nm$ 的 $Ti_3(BO_3)_2$ 微粒作润滑油添加剂时，其在油中的分散稳定性远优于微米级硼酸盐极压添加剂。摩擦试验的结果表明，正是纳米粒子添加剂大大降低了摩擦后期的摩擦系数。通过对摩擦副表面的微观表面分析认为，纳米粒子添加剂对摩擦副凹凸表面起着填充作用，并由表面摩擦化学反应形成了稳定的"第三体"，其稳定性优于传统上认为由磨粒、磨屑构成的"第三体"，因而具备更优越的抗磨效果。将利用乙醇超临界干燥技术制得的纳米晶状氧化锌及山梨醇单硬脂酸酯分散剂加入 500SN 基础油中，可提高其抗磨减摩性能及承载能力。其抗磨减摩机理经研究证实仍为"第三体"抗磨机理。

4. 纳米级金属粉对润滑油抗磨性能的改善

随着纳米摩擦学的发展，纳米级金属粉作为新型润滑油添加剂在近年来得到广泛研究。夏延秋等人对纳米级金属粉改善润滑油的摩擦磨损性能进行了试验研究。他们在 MHK500 型环块摩擦磨损试验机上，研究了直径为 $10\sim50nm$ 的铜粉、镍粉和铋粉 3 种金属粉加入到矿物油中的润滑性能。结果表明，加有纳米级金属粉的润滑油表现出优良的抗磨性能，其中尤以铋粉最优。

张志梅等人在 MPX200 实验机上考察了直径为 $20\sim30nm$ 的铜粉和锡粉加入 QD30 润滑油后的摩擦性能。在 QD30 润滑油中加入纳米铜粉以后，由于润滑油变成固液两相的混合液体，其在摩擦副表面的吸附性能变差，即油性变差，且随着载荷增大，摩擦系数减小，这说明加入的纳米铜粉能够起到极压作用，从而提高了润滑油的极压性能。如果将纳米铅粉和纳米铜粉一起使用则对提高润滑油的极压性能效果更佳。

通过上述研究可见，当纳米金属粉加入基础油后，金属粉沉积于摩擦表面，使表面接触区的摩擦磨损机理发生了变化，其作用机理与传统添加剂的作用机理是不一样的。由于上述研究仅对纳米金属粉加入润滑油中进行了润滑性能试验，对纳米级金属粉改善润滑油减摩抗磨性能的机理研究还有待进一步深入探讨。

虽然纳米科技在控制噪声方面的专题研究尚未全面展开，但从纳米材料可起到的支承负荷的"滚珠轴承"作用、薄膜润滑作用以及对摩擦表面进行一定程度的填补和修复的抗磨作用来看，纳米技术可成为噪声声源控制的一项有力措施。可预见，噪声对环境的污染必将会随着纳米科技的发展得以有效控制。

5.3 纳米技术在杀菌消毒方面的应用

5.3.1 纳米粒子对饮用水的杀菌消毒作用

据 1996 年世界卫生组织调查，人体 80％的疾病与饮水有关，特别是与被细菌感染的饮水有关，大约 60％以上的疾病是通过饮水传播的。众所周知，即使是纯水，在灌装、倒装、贮存时也易被细菌污染，市场上某些纯水、食品加工厂用水出现细菌总数超标就是由于在加工、运输、贮存过程中受到细菌污染的缘故。因此，对饮用水的杀菌消毒一直是水研究的重要领域。1927 年德国的 Krause 对银的杀菌作用进行了研究，试验发现，水中（指饮用水）银离子浓度为 0.01mg/L 时，可以灭菌；同时发现银离子的杀菌作用与水的温度、pH 值有关。20 世纪 30 年代我国的研究人员对银的杀菌作用进行了深入的研究，发现水中含银离子浓度为 0.005mg/L 即可杀菌。

目前，研究人员已开展利用纳米材料进行杀菌消毒的研究。在固体材料（如活性炭和麦饭石等）上载有的纳米级银粉可进行杀菌消毒，特别是负载 0.88％（质量）的纳米级银的高分散性碳纤维新材料引人注意。该材料的活性炭纤维比表面积为 $1306m^2/g$（传统的活性炭表面积为 $300\sim600m^2/g$），纳米级银粉在碳纤维上呈均一高分散状，与水接触后可缓慢释放出银离子，活性炭即可除氯，吸附有机物，除去不良杂质；银起杀菌作用。因此，活性炭与银可视为饮用水处理的最佳配对。这种高分散银活性炭纤维与水接触 2h 后就可将常见病原件的大肠杆菌和金黄色葡萄球菌完全杀灭，此时银的释放量为 $(21\sim50)\times10^{-9}$。该剂量完全符合 WTO（世界卫生组织）对饮水含银量的规定（$<50\times10^{-9}$），也符合我国饮用水标准（$<50\times10^{-9}$）。研究表明，银离子的 $LD_{50}>5000mg/kg$（大白鼠口服），食盐的 LD_{50} 为 4000 mg/kg。它不致畸，不致癌，长期服用不会出现安全性问题。水源技术公司推出一种银催化剂处理饮用水。这种催化剂也属于纳米级高分散银氧化铝，载银 2%（质量）。将 500g 这种催化剂放在 300L PVC 水槽中，水以 15L/min 的速度流经催化剂并向水槽补充氧或氧化，30min 后可将水中的细菌杀死。

由于颗粒尺寸的细微化，比表面积急剧增加，使得纳米 ZnO 产生了其本体块状物料所不具备的表面效应、小尺寸效应和宏观量子隧道效应等。纳米 ZnO 在阳光下，尤其在紫外线照耀下，在水和空气（氧气）中，能自行分解出自由移动的带负电的电子（e^-），同时留下带正电的空穴（h^+）。这种空穴可以激活水中的氧变为活性氧，活性氧有极强的化学活性，能与多种有机物发生氧化反应（包括细菌内的有机物），从而把大多数病菌和病毒杀死。西北大学曾进行过纳米 ZnO 的定量杀菌试验，在 5min 内纳米 ZnO 的浓度为 1% 时，金黄色葡萄球菌的杀菌率为 98.86%，大肠杆菌的杀菌率为 99.93%。

为解决现有水处理剂细菌已产生耐药性、过量使用对人体有害的问题，人们针对水中细菌、霉菌、藻类的特性，运用特殊纳米复合技术开发成功了新一代抗菌灭藻材料。实验表明，该纳米抗菌灭藻材料对金黄色葡萄球菌 4h 杀抑率达 99.9%；在含有藻类的水中添加使用 5%（质量比）24h 后，原有藻类即出现死亡；在游泳、洗浴用水中添加本材料，不仅对防止疾病传播，而且经常洗浴，对牛皮癣、脚气等皮肤病均有一定疗效。由于该材料具有广谱抗菌、防霉和抑制藻类生长的特殊功效，且耐热、耐酸、耐碱、难溶于水，效果持久，故可广泛应用于医院汽水、工业循环水、油田污水、油田注水及游泳、洗浴用水的抗菌、防霉、灭藻。

5.3.2 纳米半导体材料在空气消毒净化中的应用

以纳米 TiO_2 为代表的半导体材料是重要的催化骨架材料，也是仅次于氨和硫酸的最重要的无机化工产品。由于近年来环保要求日益提高，具备杀菌、消毒等功能的环保建材得到了大力开发和应用。这种材料以纳米 TiO_2 作光催化剂，利用太阳能这种最洁净的能源和水产生活性氧，以此来分解环境中的污染性物质，具有抗菌、分解油污、分解环境有害气体及表面自洁功能。此项研究在一些国家和地区，尤其是日本和欧洲，已经形成巨大的浪潮。我国也正在进行这方面的研究和开发。

1. 纳米 TiO_2 在空气净化消毒中的应用

纳米 TiO_2 的空气净化与杀菌消毒功能与其光催化半导体特性密不可分。作为一种 N 型半导体，能吸收能量高于其禁带宽度的短波（波长小于

400nm）光辐射，产生电子跃迁，价带电子被激发到导带，形成空穴—电子对，电子和空穴与水及氧反应的产物是 O_2^-（过氧离子）及·OOH 或·OH 自由基。·OH 自由基具有 402.8MJ/mol 反应能，高于有机化合物中 C—C（83MJ/mol），C—H（99 MJ/mol），C—N（73 MJ/mol），C—O（84 MJ/mol），H—O（111 MJ/mol），N—H（93 MJ/mol）等各类化学键能。由于生成的自由基具有很强的氧化能力，可破坏有机物中 C—C 键、C—H 键、C—N 键、C—O 健、H—O 键、N—H 键，因而具有高效的分解有机物的能力，并将各种有机物分解为无害的 CO_2 及水。故纳米二氧化钛既能杀灭微生物，也能分解微生物赖以生存繁衍的有机营养物，以及细菌死后产生的内毒素，其杀菌、除臭、防霉等效果比常用的氯气、次氯酸等好。由于纳米二氧化钛能利用生成的活性氧杀菌，并且能使细菌死灭后产生的内毒素分解，对大肠菌、MRSA（耐新青雷素Ⅱ金黄色葡萄球菌）、绿脓杆菌等均有良好抗菌效果，因此，用二氧化钛做成的抗菌防霉涂料可广泛地用于外墙和浴室。

纳米 TiO_2 杀菌具有如下主要特点：微弱的紫外光照射（如荧光灯、阴天的阳光、灭菌灯等）就可以激发反应；TiO_2 只是起催化作用，自身不消耗，理论上可永久性使用，对环境无二次污染，对人安全无害。

2. 纳米技术在环保型建筑材料中的应用

一些纳米材料与某些树脂经过特殊复合后，其表面具有一些特殊的物理化学性能，比如同时存在疏水、疏油或同时存在亲水、亲油等现象。中科院专家最近提出"二元协同纳米界面材料"的概念，根据这种理论可以开发出超双亲界面物性材料和超双疏性界面物性材料。有研究表明，光的照射可引起 TiO_2 表面在纳米区域形成亲水性及亲油性两相共存的二元协同纳米界面结构。这样在宏观的 TiO_2 表面将表现出奇妙的超双亲性。利用这种原理制作的新材料，可修饰玻璃表面及建筑材料表面，使之具有自清洁剂防雾等效果。这种性能应用于建筑涂料中对提高涂料的耐污染性能具有极大的改进作用。

（1）自净涂膜

通过在玻璃表面涂上一层 TiO_2 薄膜，就可制成一种称为"自洁"玻璃的环保材料。它作为建筑玻璃（特别是窗玻璃）时，不仅具有普通玻璃所具备的功能，而且由于其光催化的作用，使附着在玻璃上的油污等氧化分解，便于消除。通常采用溶胶-凝胶工艺制备 TiO_2 玻璃薄膜，TiO_2 玻璃薄膜具有较高的折射率和介电常数，可见光透过性好、吸收紫外光能力强。涂层玻璃相对空白玻璃的相对透光率都在 70% 以上，可以满足正常使用。由于这种玻璃有自动清洁功能，使玻璃的深加工及开拓玻璃的应用范围具有广阔的前景。由二氧化钛和硅氧烷化合物做成的涂膜，既具有很好的光催化性能又显现很好的亲水性，能形成称为物理吸附水的较厚的一层水。这种膜具有很高的工业应用价值，如用于汽车挡风玻璃上，晴天涂膜表面吸附的微量疏水分子被光催化作用分解，降雨时很容易冲干净。采用有机钛酸乙酯热分解的镀覆方法可制得透明的二氧化钛膜。将这种玻璃薄膜镀覆在隧道内的照明灯玻璃上，以防止汽车废气造成污染。日本道路公司已决定高速公路隧道内的照明，一律使用具有这种光催化功能的灯泡。由于灯玻璃表面不容易积留污垢，可以减少清扫次数。日本东京圆顶的天棚材料采用玻璃纤维布增强的氟树脂制成；此氟树脂上涂覆含有 TiO_2 氟树脂的涂料，赋予建筑物顶棚以光催化自洁功能。室外的污垢大多是油分黏结的尘埃和砂粒等成分，二氧化钛光催化作用能分解油分、尘埃和砂粒等在降雨时很容易被冲刷掉。另外，TiO_2 光催化涂膜玻璃用于温室建材，可防止温室表面结露，使温室内部光线比较充足。

（2）抗菌陶瓷

在特殊的无机材料中加入含有抗菌作用的金属离子或氧化物而构成的抗菌剂，称为抗菌陶瓷材料。目前，应用最广泛的无机抗菌剂有两种系列：一种为具有抗菌作用的金属化合物（银、铜、锌等盐类）与无机载体结合制备而成，称之为银系抗菌剂；另一种为采用具有光催化作用的物质作抗菌主体。如二氧化钛是广泛应用的光催化剂，称之为钛系抗菌剂。

TiO_2 抗菌陶瓷是通过在陶瓷成品的釉面引 TiO_2，在光照下 TiO_2 催化产生氧化能力极强的 ·OOH 或 ·OH 自由基团，杀死釉面的黏附细菌。通常采用高温溶胶法在陶瓷成品的釉面被覆 TiO_2，同时在 TiO_2 中掺杂银、铜等金属以提高其功效。当银和铜附着在 TiO_2 表面上时，即使在没有光照的条件下银和铜也具有很强的抗菌作用。另外，TiO_2 表面上处于附着状态的银或铜离子，用紫外线照射，会发生光电析反应：银或铜离子被还原，能牢固地附着在 TiO_2 半导体光催化剂表面上，它们具有很强的抗菌作用。

光催化抗菌陶瓷是具有生态环境保护功能的材料。它既保持了陶瓷制品原有的使用功能和装饰效果，同时又增加了消毒、杀菌、除臭等功能；可广泛地应用于医院、幼儿园、学校等公共场所，同时也可以用于家庭厨房、卫生间。它能有效地避免细菌的交叉感染，杀死室内的各类细菌，阻止各类细菌繁殖和防止各种微生物生长；消除污垢，净化室内空气等，对促进人体健康有着重要的作用。

日本东京大学已研制成功一种具有二氧化钛涂层的自洁瓷砖。这种瓷砖是在上釉后喷涂含 TiO_2 粉末的液体（分散液），在 800℃ 以上焙烧，形成厚 $1\mu m$ 以下的 TiO_2 膜而制成，它对杀灭大肠杆菌、金黄色葡萄球菌、绿脓杆菌等均有良好的效果。东陶公司研制成功能自动杀菌的陶瓷脸盆、便器。这种陶瓷表面有一层对人体无害，仅对细菌和病毒有致命作用的涂层，对医院中的大部分病毒及病菌特别有效。这层含有二氧化钛混合物的膜依靠强紫外线发挥光催化作用，经反复擦洗仍然能发挥作用。另外，该公司还成功开发了一种集装饰与净化功能于一体的自洁内墙砖。这种自洁材料主要是用二氧化钛，在光催化活性作用下，它可以通过掺杂银、铜离子保持长效自洁功能。这种釉还可应用在瓷质灯具开关、门窗把手等容易藏污纳垢的部位，达到净化消毒的效果。日本的塞纳公司、韩国的塞拉米克公司分别研制成功了抗菌保洁陶瓷，其表面采用高科技的纳米 TiO_2 材料，经特殊工艺制成，在受到阳光和灯光中所含有的微弱紫外线的照射下，它能产生非常强的氧化能力，使附着在陶瓷表面的细菌及污垢混合物自动分解，从而达到高效抗菌保洁的功能。

由于抗菌陶瓷具有许多优异功能，而且用途广泛，因此，国内陶瓷行业的科研人员也开始重视抗菌材料及抗菌制品的研究开发。中国建材科研院高技术陶瓷研究所已成功开发了 TiO_2 光催化陶瓷制品，目前产品已投放市场。该产品除了具有抗菌、防霉、除臭等功能外，在日光或其他热条件下，这种产品还可产生红外线辐射，利用辐射作用，可促进其他生物体的血液循环和新陈代谢，从而促进健康。青岛海尔股份公司推出了抗菌、消毒、除异味的新一代电冰箱，就是使用抗菌陶瓷材料生产的抗菌冰箱，在国内家电行业抢先生产，领先一步占领市场；该产品将受到消费者的青睐。北京市建筑材料科研院研制成功利用天然纳米孔材料的具有无机抗菌和吸附除味双重功能的冰箱除味剂，这种产品以天然纳米孔材料为载体，通过人工活化与改造制成的这种除味剂，能快速吸收异味，并及时释放抗菌物。该产品及其技术属国内首创，产品稳定性好、工艺先进，并且通过了北京市科委组织的专家鉴定。用表面氧化法在钛合金板表面生成 TiO_2，这种板材可杀死大肠杆菌并对青霉等具有良好的灭菌效果，并可有效地分解氧化甲醛、氨气等有害气体，使环境空气质量得到改善；在手术室、无菌室、病房等场合可得到应用。

（3）光催化混凝土

汽车排放的氧化氮和燃煤废气中的二氧化硫是造成酸雨危害的重要原因。在透水性多孔混凝土砌块表面 7～8mm 深度内掺入 50％以下的 TiO_2 微粉可以制成光催化混凝土。这种混凝土具有利用光催化去除氮氧化物的功能，并配合雨水的作用将氮氧化物变成硝酸。此种砌块用于公路的铺设，以除去汽车排出尾气中所含的氮氧化物，使空气质量改善。

（4）抗菌管材

上海维安新型建材有限公司采用特殊工艺和制备技术，将纳米材料、抗菌剂、树脂巧妙地制成纳米级有机抗菌塑料母粒，应用于自产的 PP—R 管，从而形成了独特的抗菌改性塑料给水管系列产品。该产品除了具备 PP－R 管的优点外，还在力学性能、抗老化性能等方面有所建树；特别是新增加的抗菌性能，经上海市预防医学研究院检测，其对革兰氏阴阳性细菌的抑菌率超过 91％，比国家卫生部制定的抑菌持久性标准高出 2 倍之多。该项技术不仅获得了国家发明专利，并经上海市专利商标事务所查新得出结论：填补国内纳米级抗菌塑料管道空白，达到国际先进水平。其中，纳米 TiO_2 必将在建材领域得到更广泛的应用，其前景将十分诱人。

5.4　纳米技术在固体垃圾处理中的应用

将纳米技术和纳米材料应用于城市固体垃圾处理主要表现在以下两个方面：

①将橡胶制品、塑料制品、废旧印刷电路板等制成超微粉末，除去其中的异物，成为再生原料回收，例如，把废橡胶轮胎制成粉末用于铺设田径运动场、道路和新干线的路基等；

②应用 TiO_2 加速城市垃圾的降解，其降解速度是大颗粒 TiO_2 的 10 倍以上，从而可以缓解大量生活垃圾给城市环境带来的巨大压力。

5.5　纳米技术在防止电磁辐射方面的应用

有关电磁场对人体健康的影响的问题已众所周知，若在强烈辐射区工作并需要电磁屏蔽时，可以在墙内加入纳米材料层，或涂上纳米涂料，能大大提高遮挡电磁波辐射性能。

据报道，中科院理化技术研究所的研究人员利用纳米技术研究出了新一代手机电磁屏蔽材料，可以实现手机信号的高保真、高清晰，提高信号抗干扰能力，同时大大降低电磁波辐射，据介绍，纳米材料的使用可以使电磁屏蔽材料的电阻降低三分之二。这一技术还可应用于电脑、电视机、军工等电子、电器产品当中，从而大大减少电磁辐射。

5.6　纳米技术在环境监测中的应用

目前，环境监测中常用的仪器往往只能分离或富集待测污染物，然后由人工检测待测物，这样不仅成本高、耗时长，而且不便于移动和大量测量，在试验中又会使用大量有毒、有害化学药品，如大气中SO_2含量的测定，耗时1h，还需使用有毒的四氯汞钾药品，危险性大，因此，在环境监测领域急需快速便携的自动探测器。

化学需氧量（COD）的测定是综合评价水体污染程度的重要指标之一，也是水质监测的一个重要项目。目前普遍采用重铬酸钾氧化法（GB11914-89），即标准法。该方法具有测定结果准确、重现性好等优点，但要消耗大量的浓硫酸和价格昂贵的硫酸银；为了消除氯离子的干扰，还需加入毒性很大的汞盐，造成对环境的二次污染，而且操作时间长。因此，给批量分析和水质的在线监测带来不便。国内外对COD的测定方法做了不少改进和探索，提出了一系列新方法，如分光光度法、密封消解法等，近几年来，半导体纳米材料作为催化剂消除水中有机污染物的方法已引起了人们的广泛关注。当用能量等于或大于半导体禁带宽度（3.2 eV）的光照射半导体时，可使半导体表面吸附的羟基或水氧化生成强氧化能力的羟基自由基（·OH），从而使水中的有机污染物分解为二氧化碳或其他无机物。基于此原理，发展出了一些新的光催化氧化体系来测定COD。目前所用到的体系有纳米$ZnO-KMnO_4$协同体系、纳米TiO_2-Ce（Ⅳ）体系、纳米$TiO_2-K_2Cr_2O_7$体系、纳米TiO_2薄膜电极等体系。这类方法的氧化效率高，测定结果准确度高，但一般适用于较低COD值的水体测定。谢振伟、于红等利用铂基$\alpha-PbO_2$和$\beta-PbO_2$双镀层电极，用电化学方法在最佳条件下测量COD标液，发现随溶液COD浓度的增加，电流变化值随之呈线性增加，测量时间在30s左右，该方法能快速测定COD值，但电极制备时要25g/L的$Pb(NO_3)_2$溶液作电镀液，会造成对环境的二次污染。魏小兰、沈培康报道过葡萄糖可在纯铂电极上直接进行电催化氧化，其电极可反复多次使用，检测时间短，但催化活性不高，且用贵重的纯铂作电极，成本高。褚道葆、李晓华等人采用电化学方法循环伏安法研究了葡萄糖在碳纳米管/纳米TiO_2膜载Pt（$CNT/nano-TiO_2/Pt$）复合电极上的电催化氧化，发现复合电极性能稳定，抗中毒能力强，不易发生氧化振荡。吴何珍、褚道葆等人采用电化学方法制备了多壁碳纳米管/纳米TiO_2－聚苯胺载铂四组分纳米结构复合电极，研究发现该复合电极对葡萄糖的电氧化有高催化活性，具有性能稳定、重现性好、抗毒化作用强、能耐高温、易保存且使用寿命较长的优点。如果多壁碳纳米管－纳米二氧化钛－聚苯胺载铂（$CNT/nanoTiO_2-PANI-Pt$）纳米结构活性电极作为传感器测定COD，有望能避免传统测定方法中存在的二次污染等问题，此课题已被安徽省教育厅批准为自然科学研究项目，相关研究正在进行中。

第6章 纳米材料在开发清洁能源领域中的应用

6.1 概 述

在经济和社会快速发展过程中，纳米技术与太阳能技术愈来愈成为人们关注的焦点和热点课题，其不断地推动相关产业快速发展，而且可以预见，在将来相当长的时间内，这两大科技将日益交融，互相渗透、互相促进。

随着全球经济的快速发展和人口的大量增加，据估计2006年至2030年，每年全球能源消耗量将上升40%以上。而我们目前大量依赖的能源主要来自于日益枯竭的化石燃料，如石油、天然气和煤。同时，二氧化碳的大量排放带来的温室效应将会进一步加剧地球变暖。因此，各国都在研究并应用许多潜力巨大的可再生能源技术，如太阳能、风能、生物质能、海洋能、地热能等，并一直致力于通过减少可再生能源的成本，来缓解全球对化石能源的依赖及对环境造成的危害。京都协议书的签订标志人类正在向可持续发展的方向努力。人类应当从利用"昨日阳光"逐步过渡到利用"今日阳光"。太阳能由于具有独特的优势是发展的重要的可再生能源之一。太阳每年辐射至地球表面的能量约为 $3×10^{24}$ 焦耳，相当于目前全球商业能源消耗量的10000倍左右。

太阳能利用主要包括太阳能热利用与光伏发电技术两方面。我国作为发展中国家，能源和环境问题对我国的经济发展尤为重要。特别是2005年2月通过的《中华人民共和国可再生能源法》将进一步促进我国太阳能产业的发展。我国在太阳能热利用方面为世界做出了巨大的贡献，已经成为全世界最大的太阳能热水器生产和应用的国家。其中重要的技术突破是纳米材料为主的太阳光谱选择性吸收薄膜材料的发展。太阳能电池是基于半导体材料的光伏效应，通过 P-N 结直接将太阳光转换成电能的一种光电转换器件。在 20 世纪 60 年开始，太阳能电池主要在航天领域应用，而从20 世纪末到 21 世纪初以来，世界各国尤其是德国、日本和美国等西方发达国家先后发起了大规模国家光伏发展计划和太阳能屋顶计划，在此刺激和推动下，世界太阳能光伏产业以每年 30％以上的增长率快速发展，太阳能电池总产量的平均年增长率则是高达约 50％以上。尽管目前世界光伏发电累积装机容量不到世界电力装机总容量的千分之一，但是作为一种可再生清洁能源，专家预测，光伏发电将在 21 世纪前半期成为最重要的基础能源之一。2007 年中国太阳电池产量一跃成为世界第一，直到如今，我国太阳能电池产量一直保持世界领先地位，光伏发电成本已大幅下降，如 2010 年敦煌 10MW 光伏电站的招标电价已降到了每千瓦时 1.09 元。2011 年国家有关部门已经下调光伏发电上网电价为每千瓦时 1.00 元，并确定了在 2015 年光伏发电成本降至每千瓦时 0.80 元，2020 年降至每千瓦时 0.6 元的战略目标。但相对于传统化石能源的成本仍然较高，要实现这一目标，需要进一步努力提高太阳能利用的效率和降低成本。

据预测人类的第四次工业革命有可能在纳米技术、可再生能源技术、量子信息或基因工程技术中诞生。从 20 世纪 80 年代末到 90 年代初，在德国、美国和日本等发达国家，纳米材料与技术开始进入人们的视野，立刻引起了物理学、材料学、化学等方面科学家的极大关注。从科学发展来看，纳米材料与技术作为一个新的技术门类渗透性很强，对与太阳能技术这样的综合学科，具有很好的学科交叉亲和力和技术结合包容性。事实上，二十年来太阳能科技的一大亮点就是纳米薄膜在光热转换器件和太阳电池中的应用，如太阳能光谱选择性吸收薄膜、染料敏化纳米晶太阳能电池、纳米晶硅薄膜太阳能电池及新型太阳能电池等。所以纳米技术与太阳能技术可以很好地相互融合与相互促进，随着纳米技术的发展，借助纳米材料独特的光、电、力学性能，其在太阳能技术的应用也越来越广，将可能进一步提高太阳能利用的效率和降低太阳能利用技术的成本。

纳米技术在染料敏化太阳电池中的应用是典型的代表之一。在 20 世纪 90 年代以前，染料敏化太阳能电池的光电转换效率很低，不到 1％。直到 1991 年 M. Gratzel 教授将纳米技术引入到染料敏化太阳电池的研究中，首次在《Nature》上报道效率是 7.1％，其主要技术突破归结于纳米晶薄膜的多孔性使得它的总表面积远大于其几何面积，可以吸附大量的染料，从而可以有效地吸收太阳光。同时染料敏化太阳能电池的技术一直在向前发展，各种新颖结构的功能纳米材料如纳米线、纳米管的一维纳米材料，由于其具有纵向导电的优势而在染料敏化太阳电池中得到应用。最新的关于染料敏化太阳电池的报道效率已经达到 12％。

纳米技术用于太阳能电池和太阳能转化器件，镍氢电池、锂电池和燃料电池中的工作电极、离子交换器等可以提高能量转化的效率。现已研制成功的经纳米材料和技术改性的铝酸电池，不但提高了化学能转变成电能的效率，而且使用寿命提高 1 倍。纳米碳管、纳米碳纤维等一维纳米碳材料表现出优异的储氢性能，由其制成的储氢系统可满足氢能电动车的要求——6.5%质量储氢密度；采用纳米金属微粒为催化剂，将水通过光催化产生干净清洁的能源氢气，将给能源工业带来革命性的变化。如以铑超微粒子作光解水的催化剂，比常规催化剂产率提高 2~3 个数量级；如果采用金超微粒子/二氧化钛作为光催化剂，在水－乙二醇或水－乙醇溶液中，通过紫外光照射，使制氢产率达 70%左右，并且提高了反应的选择性。Ni－Sn合金随着晶粒尺寸的变小，其析氢电位逐渐降低，当 Ni－Sn 合金的粒径小于 8nm 时，其析氢过电位只有 100mV（$i = 30A \cdot dm^{-2}$）。纳米轻烧结体具有庞大的表面积和纳米微粒的特性，作为化学电池、燃料电池和光化学电池的电极，可以增加与电解质溶液或反应气体的接触表面，提高效率，减轻质量。例如，镍和银的轻烧结体作为化学电池等的电极 TiO_2 纳米微粒的轻烧结体作为光化学电池和锂电池的电极均进行了广泛的研究且已经得到了应用。

6.2　纳米碳管在新能源开发中的应用

理想纳米碳管是由碳原子形成的石墨烯片层卷成的无缝、中空的管体，石墨烯的片层可以从一层到上百层。含有一层石墨烯片层的称为单壁纳米碳管（single walled carbon nanotube, SWNT），多于一层的则称为多壁纳米碳管（multi-walled carbon nanotube, MWNT）。SWNT 的直径一般为 1~6nm，最小直径与富勒烯分子类似。纳米碳管长度可达几百纳米到几个微米。MWNT 的层间距约为 0.34nm。纳米碳管具有纳米孔隙结构：纳米尺度的开口中空管腔（0.4~5nm）、CNT 束中管间的狭长孔隙（约 0.4nm）和 CNT 束之间形成的堆积孔（约 100nm）（对于 MWNT 一般只具有纳米级的中空管内腔和尺度较大的管间堆积孔），其中开口的纳米中空管腔是最基本的孔径结构。CNT 具有高比表面积，特别是经离散状态存在的开口 SWNT，所有碳原子均为表面原子，这种特殊的结构使之有可能达到炭/碳质材料的极限表面积 $2630m^2/g$（1g 单石墨片层的比表面积），而成为比表面积接近于超级活性炭的超大表面积的吸附材料。但目前制备出的 CNT 的比表面积（15~400m^2/g）远小于理论预测值，甚至比常规多孔炭的比表面积（700~1500m^2/g）小很多。氮吸附法测得的表面积小于理论预测值是因为 SWNT 的成束存在使得氮吸附质不能进入管束之中，并且 SWNT 普遍具有较低的开口率，使相当一部分内管壁表面成为封闭的表面。

纳米碳管可由电弧放电法、催化裂解法（CVD法）、激光蒸发法、热解聚合物法、石墨在液氮中放电法及电解法制备，但主要的比较成熟的方法有电弧放电法和催化裂解法、激光蒸发法。

纳米碳管的很多奇特性与其气体吸附性质有直接的关系。目前对CNT的吸附研究多集中在研究氮吸附过程。目前较统一的看法是其氮吸附等温线在低压部分具有明显的Ⅰ型等温线，在中高压范围内MWNT显示了Ⅱ型吸附等温线特征，而SWNT则有明显的滞后回线，说明SWNT既含有微孔，也含有一部分中孔。因此，形成了这样一种较普遍的看法：开口SWNT具有微孔性质——在很低的压力下（133.3×10^{-5}Pa）已经开始微孔充填，而完成微孔充填的正是纳米级SWNT的中空管腔；而MWNT具有中孔吸脱附行为特性——具有明显的滞后回线（毛细凝聚），而且也正是较大尺度的开口中空管完成了毛细凝聚的过程，随着中空管开口率的提高，毛细凝聚吸附量增加，同时滞后回线也越明显。除了实验研究，对CNT的气体吸附行为也进行了理论研究，但尚未形成较统一的看法。

纳米碳管具有优异储存新型燃料氢性能。实验结果表明：SWNT的储氢容量在4%～10%（质量分数，下同）的范围内，而MWNT的储氢容量为5%～10%。chen等人发现在较高温度及常压作用下，掺杂碱金属（Li、K）的CNT的储氢容量可达14%～20%，虽然对此结果仍有争议，但至少说明改性处理可以一定程度地提高CNT的储氢容量。此外，有研究结果认为，CNT一般具有4%～10%的电化学储氢容量。

CNT的比表面积虽远小于普通多孔炭材料的比表面积，其孔径体系也远不如后者发达，但其对氢的吸附性能远远高于后者，由此推测，纳米碳管对氢的超常吸附性能来自于其特殊的吸附结构及不同于经典的吸附机理。Dillon等人根据在常温常压下储氢实验的结果认为，氢在SWNT上主要发生物理吸附，吸附位主要是纳米级的中空管，吸附热可达19.6kJ/mol，远大于活性炭对氢的吸附热。Ye等人的低温储氢实验表明，SWNT在低压下的吸附类似于常规炭，即在低压下，氢在不同种类的炭载体中的存在状态相同或者相近；而在高压下，氢进入SWNT的束之间，使束状的SWNT打开，成为单根SWNT，其内外表面都暴露，吸附在内外表面上的氢形成高密的氢相。他们认为，达到吸附平衡的过程是高压相的氢化学位降低、抵消SWNT束内聚能的过程。成会明等人发现，一定的改性过程对于SWNT和MWNT的储氢行为具有决定性作用。对表面结构和孔隙结构的研究表明，孔径结构和表面结构决定储氢过程，而孔径结构和表面性状在储氢过程中也发生一定的改变，同时发现MWNT的层间距在储氢过程中明显变大，这些结果有助于对储氢活性位的确定和储氢机理的揭示。

在实验研究和阐明储氢机理的同时，科学家们对氢吸附过程中的理论问题：吸附的类型（物理吸附还是化学吸附）、吸附位的确立、吸附分子的状态等进行了包括动力学方法、Monte Carlo 模拟和密度函数计算方法等在内的理论模拟计算。DresselhaMs 等人基于简单的几何模型和氢可压缩的假设，预测 CNT 的储氢容量可达 4%。根据一定的物理假设和常规势能场模型所做的模拟计算和动力学计算，其最初的计算结果与实验结果相距甚远，预测的储氢容量大约为实验结果的 1%。随着对储氢过程和碳纳米管结构认识的加深，对势能场模型的改进和计算方法的改进，近期的理论预测取得了较大的进展。利用改进的势能场模型，Eklund 等人预测离散SWNT 的储氢容量可达 9.6%（77K）；Darkrim 等人和 Yin 等人也得到相近的计算结果；而 Lee 等人根据化学吸附的假设，推测 SWNT 的储氢容量可达 14.3%。虽然目前的理论预测仍有很大的离散性，但取得了一些重要的共性结果：中空管腔对氢的吸附势能要大于相应的狭缝形孔，中空管束内的管间的空间具有比中空管腔更大的吸附势能等。这些结果对储氢实践有一定的指导意义。随着对储氢过程的充分理解、对 CNT 孔径体系和表面结构的正确表征和吸附势函数的修正，可以期待对现有的实验结果更令人满意的理论解释。

虽然有关 CNT 储氢性能的理论预测有待进一步完善，但 CNT 优越的储氢性能已得以充分证实。CNT 已成为储能材料的研究热点。初步研究表明，CNT 是极具潜力的储氢材料，目前工作重心是寻找高储氢性能的理论依据、最优化的储氢结构和最佳的工艺条件，以制备实用的储氢载体。为了促进氢能的应用、美国能源部（DOE）氢计划中制定可商业重复使用的氢吸附标准为 6.5%（存储氢的质量占整个系统的百分比）或者体积密度为 $63kg/m^3$。氢分子在纯 SWNT、MWNT 和碱金属掺杂 SWNT 上的吸附性极大地刺激了对纳米材料储氢性能的理论和实验研究。经济、安全的氢存储介质是氢燃料交通系统的关键部分。在离子电池方面，Che 等人证实，用模板法制备的 MWNT 具有较高的 Li 离子充放容量（490mA·h/g），高于石墨（372 mA·h/g）。Wu 等人发现 MWNT 具有更高的 Li 离子储放容量（700 mA·h/g），但释放曲线明显滞后；虽然纳米级复合材料 CuO/MWNT 的 Li 离子储放容量相对较低（268 mA·h/g），但没有明显的滞后，MWNT 的中空管是 Li 离子扩散的通道和吸脱附载体。近来，EDLC电极材料也成为 CNT 应用研究的一个新方向，实验结果显示，具有中孔结构的 MWNT 可能是一种良好的 EDLC 极材料。总之，CNT 作为储氢材料、Li 离子电池、双电层电容（EDLC）电极材料的初步研究结果表明这种新型的纳米材料很可能真正成为最小的能量载体——纳米级储能单元。

除纳米碳管外，我国科技工作者对另一种一维纳米碳材料——纳米碳纤维的储氢特性进行了研究。对利用气相流动催化法和高压容积法制备的纳米碳纤维的储氢特性的研究结果表明，通过对纳米碳纤维进行表面处理可以改善其物理和化学性质，如比表面积、孔径分布、表面状态等，从而改善其储氢性能。纳米碳纤维在表面处理前后，其孔径结构发生了显著的改变，比表面积比处理前几乎增大了 1 倍，而且大孔明显减少，中孔（4nm 以下）数量明显上升。这是由于经表面处理后，大部分纳米碳纤维的端部被打开，相应尺度（1.7nm 左右微孔和 4nm 以下中孔）的孔数量上升。孔结构的分析结果说明，经过适当的表面处理，纳米碳纤维的比表面积和孔容将大大提高，为氢气进入纳米碳纤维内部提供了主要通道和储存空间。经过适当表面处理的纳米碳纤维，其储氢容量达到 10%。

纳米碳纤维具有如此高的储氢容量的可能原因有：

①纳米碳纤维具有很高的比表面积，使大量的氢气被吸附在碳纤维的表面，为氢气进入纳米碳纤维的内部提供了主要通道；

②纳米碳纤维的层面间距远远大于氢分子直径（0.289nm），因此，大量氢气有可能进入纳米碳纤维的层面之间；

②纳米碳纤维中间具有中空管，可以像纳米碳管一样具有毛细作用，氢气可以凝聚在中空管中，从而使纳米碳纤维具有超级储氢能力。

总之，对纳米碳管和纳米碳纤维的储氢性能的研究有利于促进对氢能电动车的储氢系统的研制和开发，以便实现减缓对化石燃料的需求及其燃烧而产生的空气污染。

6.3 纳米 TiO_2 在光电转化方面的应用
——敏化 TiO_2 纳米晶多孔膜太阳能电池

传统的非晶膜液体太阳能电池的工作电极主要采用半导体材料，工作电极同时要担负吸收光能和产生、传导光生电荷两个功能，因而不可避免地存在着工作电极易于被光腐蚀（如选择窄禁带宽度半导体材料）或损失大量可见光能（如选择宽禁带宽度半导体材料）的弱点，所以转换效率较低，而且其稳定性问题也不易解决。为了降低成本、节约昂贵的半导体太阳能电池结构材料、提高转换效率，人们从改进工艺、寻找新材料、电池膜化等方面进行了尝试。已有研究表明，利用半导体纳米材料可以制备出在阴雨天也能正常工作的高效光电转化新型太阳能电池。目前，利用纳米尺度的半导体材料如 TiO_2、ZnO、SnO_2 等作为太阳能电池的电极研究已经成为世界范围的研究热点，其中纳米 TiO_2 由于其光稳定、无毒而成为现今研究光电太阳能转换电池使用最普遍的材料。利用光敏染料吸附在 TiO_2 纳米晶多孔膜表面而形成敏化太阳能电池的研究，已经取得突破性进展，其光电子转化效率高达 46%，电池总转化效率可达 10.4%，接近多晶硅太阳能电池的水平。

敏化 TiO_2 纳米晶多孔膜太阳能电池是将光敏染料吸附在 TiO_2 纳米晶多孔膜的表面制作 TiO_2 纳米晶多孔薄膜表面而形成的。这种敏化纳米薄膜太阳能电池完全不同于传统太阳能电池，它具有质量轻、转化效率高、制造成本低等优点，正好满足了目前对可再生能源的大量需求。科学家们预计，这一技术将逐渐取代传统的太阳能电池，成为今后能源技术发展的重点。

1. 结构与工作原理

染料敏化 TiO_2 多孔膜的太阳能电池基本结构如图 6-1 所示。

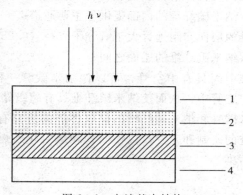

图 6-1　电池基本结构

1—透明导电玻璃；2—致密 TiO_2 层；3—多孔 TiO_2 层

（TiO_2 纳米晶表面吸附染料单分子层，孔隙间填空氧化—还原电解质）；4—反电极（镀铂导电玻璃）

光敏感阳极的制作是在透明导电玻璃片上先镀上一层致密的 TiO_2 膜，然后涂上一层厚度 $10\mu m$ 左右 TiO_2 多孔膜，再在 TiO_2 多孔膜的表面吸附一层染料敏化剂分子。这里 TiO_2 既是敏化染料的支持体，又是电子的受体和导体。

敏化 TiO_2 多孔膜太阳能电池的工作原理示意图如图 6-2 所示（纵坐标表示单电子的能量，虚线表示 I^-/I_3^- 电极对的电势）。

染料分子受太阳光照射激发产生光电子，光电子迅速由染料分子注入到了 TiO_2 导带，产生工作电流带动外电路；激发的燃料分子失去电子形成正离子，然后被支持电解中的还原剂还原成原始的基态，氧化后的还原剂在反电极上被从外电路转移来的电子还原。光照下，这一过程周而复始不断循环，从而不断输出电流。整个反应表示如下：

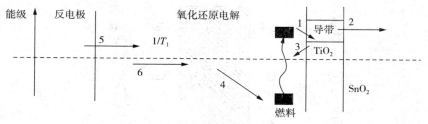

图 6-2　染料敏化电池运行示意图

1—电子由激发态染料分子注入 TiO₂ 导带；2—电荷复合；

3—电子由 TiO₂ 半导体转移到导电玻璃电极去外电路；

4—I—还原染料离子；5—反电极对 I—3 的还原；6—电解质中离子的迁移

$$S+h\nu \rightarrow S^*$$

$$S^* \rightarrow S^+ + e^- \quad (CB)$$

$$S^+ + RED \rightarrow S + OX$$

$$OX + e^- \quad (CE) \rightarrow RED$$

式中：S——染料分子；

　　　S^*——染料分子的激发态；

　　　S^+——染料阳离子；

　　　RED——支持电解质中还原剂；

　　　OX——支持电解质中的氧化剂；

　　　CB——TiO₂ 导带；CE 为反电极。

　　在染料敏化太阳能电池中，由于单个粒子的尺寸很小，不足以形成空间电场，因此，其电荷分离不同于依赖半导体空间电场作用的 PN 结电池。染料敏化太阳能电池电荷分离的动力来源于两个方面：一是染料的最低未占有分子轨道（LUMO）能级与 TiO₂ 的导带边缘能级的具有电势差 $E_{LUMO} - E_{LD(锐钛)}$，该电势差提供了电子注入的热力学驱动力，是染料敏化电池中电荷分离的主要原因；二是半导体表面与电解质界面形成电场，其成因不是由于半导体内的空间电荷，而是由于半导体表面与电解液接触形成了 Helmholtz 双电层两侧的电势差（约为 0.3eV）为电荷的分离提供部分驱动力，同时也有利于减小电荷的复合率。图 6-3 示意了 Helmholtz 双电层的构成。

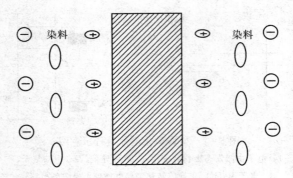

图 6-3　TiO₂ 粒子表面双电层构成示意图

通常，由染料敏化太阳能电池中的酸性染料在电解液中释放的质子 H^+ 和其他正离子吸附在 TiO₂ 表面，形成氧化表面区（质子将 TiO₂ 表面的末端氧转化为·OH 基），与其表面附近电解中带负电的（I^- 和染料）阴离子形成 Helmholtz 双电层。染料敏化太阳能电池与 PN 结电池的比较见表 6-1。

表 6-1　染料敏化太阳能电池与 PN 结电池的特点对比

PN 结太阳能电池	染料敏化太阳能电池
电荷在电场空间中分离	没有明显的电场空间
光电压由内建电场决定	半导体不存在电场
半导体中有正负两种载流子	半导体中只有电子一种载流子
要求避免界面的形成以减少复合中心	需要将界面最大化以吸附更多的染料分子

归纳起来，有 3 点原因促使染料激发产生的光电子快速地迁移到 TiO₂ 导带：

（a）染料分子激发产生的光电子能量比 TiO₂ 薄膜费米能级高；

（b）染料分子本身的最低能量空轨道能级比 TiO₂ 导带的能级高；

（c）薄膜中 TiO₂ 的电子云轨道与染料分子中配体的电子云轨道部分重叠，激发产生的光电子可由染料分子中配体无势垒地转移到 TiO₂ 上。

SaifaHaque 等人对电子在半导体/染料/电极界面转移的动力学研究表明，染料敏化半导体太阳能电池中，电子注入的速度必须远大于染料激发态衰减的速度，染料正离子被空穴电解质还原再生的速度必须远大于染料正离子与半导体上电子复合的速度，电荷复合过程可能在电池转化效率限制因素中起重要作用。研究发现，染料敏化 TiO₂ 多孔膜太阳能电池具有很高的光电转化效率的一个重要原因就是分离电荷的复合率很低。

M. Gratzel 等人认为，电荷复合主要发生在电子与空穴体之间，而不是电子与染料正离子之间：TiO_2 晶粒的粒径在 20nm 左右，远大于隧道效应 3nm 的范围，膜层内的电子不会与空穴体复合，电荷复合仅发生在膜表面。对于通常液体 I^-/I_3^- 支持电解质，电子与空穴体 I_3^- 都带负电，静电排斥作用使得空穴体 I_3^- 对膜表面电子的捕捉率很小，保证了太阳能电池的低复合率。固体电解质中空穴体往往不带电荷，其复合率比液体 I^-/I_3^- 电解质高出 4 个数量级，这也是染料敏化 TiO_2 纳米晶多孔膜太阳能电池固体化的难点和关键。

2. 制备方法

TiO_2 纳米电极制备工艺对 TiO_2 的表面形貌和导电特性进而对成品太阳能电池的性能有至关重要的影响。用于太阳能电池的 TiO_2 纳米电极一般都是将 TiO_2 超微粒胶体溶液喷涂在导电玻璃上形成的，为提高 TiO_2 电极的电荷分离与传输能力，在成膜前后有时还对电极进行一些特殊处理。目前，常用于涂膜的胶体溶液的制备方法有两种，现分别简述如下。

（1）钛盐水解法

在干氮气流下，依次加入 20mL 2—丙醇、125mL Ti$(OCH(CH_3)_2)_4$、蒸馏过的去离子水，使混合液总体积达到 750mL，同时加入 5.3mL 70%硝酸。该混合液在 80℃搅拌 8h 后，再在高压釜中热压（230℃或 240℃）处理 12h；然后经 25℃真空旋转蒸发浓缩后，加入质量为 TiO_2 的 40%的聚乙二醇，得到 TiO_2 质量分数为 20%的悬胶液。用多次甩胶（3000r/min）多次燃烧的办法（每次约厚 0.4μm）将所需厚度（10μm 左右）的 TiO_2 层沉积在导电玻璃衬底上，再在空气中 450℃热处理 30min，最后在 Ti（Ⅲ）溶液中电镀上一单层 TiO_2 层，这一步骤能显著提高太阳能电池的开路电压和短路电流。高分辨率扫描电镜显示用此法制取的 TiO_2 粒径为 15nm。

（2）商业 TiO_2 超细粉研磨法

将 12g TiO_2 商用超细粉末与含 0.4mL 乙酰丙酮（防止颗粒团聚）的 4mL 水在陶瓷研钵中研磨成黏胶状，再边磨边加入 16mL 水稀释；最后加入 0.4mL 的曲拉通活性剂以促进胶体在衬底上的分散。按 5μL/cm^2 的比例将胶体溶胶用玻璃棒在导电玻璃衬底表面铺展开来，经空气干燥后，再在空气中热处理（450℃～550℃，30min），得到厚 12μm 的膜层，再用 $TiCl_4$ 水溶液（0.2mol/dm^3）按 50μL/cm^2 铺在表面，室温下在密闭容器中放置 12h，用去离子水清洗后可在表面生成一层纳米 TiO_2 颗粒。该纳米 TiO_2 层的作用与钛盐水解法中电沉积的 TiO_2 层类似，除了能增加活性表面积外，还能提高表面层的纯度，进而提高电子注入效率和半导体—电解液结的填充特性。

3. 影响电池性能的因素

TiO_2 膜的性质、染料敏化剂及支持电解质是影响染料敏化 TiO_2 多孔膜太阳能电池性能的 3 个主要因素。用作电极的薄膜是一个多孔纳米晶膜，要求具有大的表面积。电极薄膜的表面积越大，吸收的染料越多，对太阳光的吸收越强，电池光电转化效率就越高。因此，制备大比表面积的多孔纳米晶膜是获得高效敏化太阳能电池的前提条件。薄膜中 TiO_2 纳米粒子的尺寸对电池的光电转化效率有一定的影响，TiO_2 粒子的尺寸以 20nm 左右为宜，粒子尺寸过大，则比表面积降低而光电转化效率降低；粒子尺寸过小，TiO_2 导带中的电子可能会因发生隧道效应而降低光电转化效率。用作电极的 TiO_2 薄膜厚度一般在 $10\mu m$ 左右，薄膜厚度过小，不能将太阳光能量全部吸收，会降低光电转化效率；厚度过大，深层的染料敏化剂没有光照不能产生电子，同时膜也容易发生脱落。选择合适 TiO_2 纳米粒子（主要是 TiO_2 纳米粒子制备的方法）和薄膜退火工艺是制备高性能纳米晶多孔膜的关键，具体要求可参见相关文献。

敏化染料分子的性质是电子生成和注入的关键因素。对敏化染料分子的基本要求是：

（a）对太阳光的捕获能力强；

（b）能紧密吸附在 TiO_2 表面，故要求染料分子中含有羧基、羟基等极性基团；

（c）激发态能级与 TiO_2 导带能级匹配，激发态的能级高于 TiO_2 导带能级，保证电子的快速注入；

（d）敏化剂自身要求长期稳定性。

金属钌（Ru）的联吡啶配合物系列、酞菁系列、卟啉系列、花青系列、叶绿素及其衍生物和金属锇（Os）的联吡啶配合物系列等都可作为敏化染料。目前光电转化效率最高的染料是黑色染料 $RuL(SCN)_3$，L 为 2，$2'$，$2''$－三联吡啶－4，$4'$，$4''$－三甲酸。应用研究最广泛的染料是 $RuL_2(SCN)_2$，它是一种稳定的配合物，对可见光的捕获能力很强。虽然其激发态的寿命很短，只有 100s 多，但电子的注入时间小于 7ps，激发电子几乎 100% 地转移到 TiO_2 的导带，使用它作为敏化剂的 TiO_2 以多孔膜太阳能电池，实验室电池总转化效率可达 10%。最近报道染料 $Os\ L_2(SCN)_2$ 性能与 $RuL_2(SCN)_2$ 性能接近，金属锇在自然界的含量比金属钌高得多，因此进一步开发金属锇系列染料对降低电池成本、提高电池效率有重要意义。除有机物（染料）外，无机材料如 CdS、CdSe 和 FeS_2 等也可作为敏化剂，但由于存在环境兼容、TiO_2 表面镀膜等技术问题有待解决，目前研究成果离实用化尚有较大距离。

支持电解质是指阴极与阳极之间空穴导电介质。支持电解质中氧化还原剂必须能迅速地还原染料正离子，其自身还原，电位要低于电池电位。由电池中电荷复合机理可以看出支持电解质对于电荷复合率有重要影响。支持电解质有液体电解质与固体电解质两种，典型的液体电解质为 $0.5MLiI+50mMI_2$ 的乙腈溶液。为了降低暗电流，提高填充因子，还常添加其他组分，如特丁基吡啶等。液体电解质电池的转化效率较高，如 Gratzel 等人采用的 LiI/I_2 乙腈复合电解质溶液、金属钌吡啶配合物光敏化剂的太阳能电池，电池总转化效率高达 10.4%。液体电解质的主要缺点在于电池的固化困难，电解质容易流失造成电池失效等，固体电解质显然可以避开这些缺点，但目前采用固体电解质的敏化太阳能电池转化效率还较低，如 Gratzal 等人采用 OMETAD 空穴传递介质，电池总转化效率为 0.74%；Kei Murakoshi 等人采用聚吡咯空穴传递层，电池总转化效率达 1%，因此开发转化效率较高的固体支持电解质电池有着重要意义。

6.4　纳米材料在化学电源中的作用

进入 20 世纪 90 年代，纳米科学技术扩展到化学电源领域。纳米材料，由于其特殊的纳米微观结构及形貌，使其具有比表面大、锂离子嵌入脱出深度小、行程短的特性，使电极在大电流下充放电极化程度小、可逆容量高、循环寿命长。另外，纳米材料的高空隙率为有机溶剂分子的迁移提供了自由空间，并和有机溶剂有良好的相容性，同时也给锂离子的嵌入脱出提供了大量的空间，从而进一步提高了嵌锂容量及能量密度。

在化学电源领域里，目前已经研究出多种新型纳米材料。例如，用于镉—镍、锌—镍电池的纳米相 Ni—$(CH)_2$、AB_5 型储氢合金 $LaNi_{3.5}Co_{0.8}Mn_{0.4}Al_{0.3}$、金属氢化物—镍；用于锂离子电池阴极材料的锰钡矿型 MnO_2 纳米纤维、聚吡咯（PPY）包覆尖晶石型 $LiMn_2O_4$ 纳米管、TiS_2 微管、纳米晶态 VO_2（B）、TiO_2、热解聚硅烷、聚硅氧烷、聚沥青硅烷，以及多种纳米复合材料，如 PPY 或聚苯胺（PANI）与 V_2O_5 或 $HMWO_6 \cdot nH_2O$（M 为 Ta 或 Nb）的复合物、聚氧乙烯（PEO）与 A_2MoO_3 的复合物 $(PEO)_x$ [Na$(H_2O)]_{0.25}$ 纳米分散锰盐—PEO 复合物；用作锂离子电池的阳极材料的纳米碳和纳米二氧化锡。纳米晶态 VO_2（B）既可用作 4V 锂离子电池的阴极材料，又可作为阳极与 $LiMn_2O_4$ 配对组成 1.5V 水溶液锂离子电池。此外，将 $LiClO_4$ 或 $LiBF_4$ 以及纳米 Al_2O_3、沸石或蒙脱石掺入 PEO 或其他导电聚合物可以获得用于锂离子电池的固态电解质；锰钡矿型 MnO_2 纳米纤维还可以用作燃料电池的催化组分。总之，纳米材料将可能成为新一代高性能化学电源的崭新材料。

另外，纳米半导体粒子的光催化在能源上也有很大的应用：如用纳米铂修饰的 TiO_2 纳米粒子的光催化可以使丙炔与水蒸气反应，生成可燃性的甲烷、乙烷和丙烷；纳米 TiO_2 和 ZnS 的光催化效应可以用来从甲醇水溶液中提取 H_2；把金属纳米粒子和半导体纳米粒子掺杂到燃料中，可作为火箭助推器和煤中助燃剂，同时大大提高热燃烧效率。

第7章 纳米技术和纳米材料的安全性

纳米技术与信息技术和生命科学技术被公认为21世纪三大主导科学技术。其惊人的发展速度以及由此带来巨大的经济和社会效益是有目共睹的，但是纳米材料和纳米技术的发展有无负面影响，对人类健康、环境和生态有无潜在危害呢？想当年氟氯烃（CFCs）的发明和应用对世界的经济和文明起了多大的影响，但是多少年后却出现了臭氧空洞问题，不得不减少或禁止使用。又如DDT和六六六为人类带来多大的利益，但是数十年后却也不得不禁止使用。与其他科学技术一样，纳米技术也是一把双刃剑。近些年来，纳米技术和纳米材料的安全性研究越来越受到重视，一些纳米技术研究专家通过大量的实验得出了令人深思的结果。纳米材料和纳米技术产品使用为企业带来了巨大经济收益，但同时也需要政府管理部门从科学角度澄清纳米技术和纳米材料对周边环境的长期作用和安全性，从而为应对处理在今后可能会遇到的社会和环境问题提供有效的技术措施。本章汇集部分作者的研究成果，以供参考，以期引导人们正确面对纳米材料和纳米技术的双刃性，更是为了纳米技术正确的发展。

7.1 人造纳米材料安全性研究进展及存在问题

1. 前　言

进入21世纪以来，居于前沿科技之首的纳米科技发展迅猛，大规模生产的各种人造纳米材料已经在近千种消费品和工业产品中广泛使用。然而，最近发现，与化学成分相同、剂量相同的常规物质相比，由于纳米物质的独特物理化学性质，它们与生命体相互作用所产生的化学特性和生物活性有很大不同，它们对人类健康有可能带来严重损害（与重大疾病的诱因相关联）。如何驾驭纳米科技，使之造福而不伤害人类，既是科学界面临的挑战，也已成为各国政府前沿科技发展战略与健康安全的国家需求。

2005年，国际上召开了多达16次与"纳米安全性"相关会议。各国政府、科学界、企业界等纷纷发表关于人造纳米材料安全性的调研报告。2005年11月17日，美国国会举行"纳米安全"听证会，建议政府建立

"国家纳米技术毒理学计划"，以美国、欧洲国家为首的各国政府相继组织力量，研究人造纳米材料对健康的影响，寻找纳米安全性问题的解决方案。本文将重点对国内外人造纳米材料安全性研究的进展进行综述，并在此基础上提出进一步的发展建议。

2. 研究进展

纳米技术安全性的研究，最早可以追溯到 1997 年，英国牛津大学和蒙特利尔大学的科学家发现防晒霜中的二氧化钛/氧化锌纳米颗粒能引发皮肤细胞的自由基，破坏 DNA[1]。随后的几年里，纳米技术安全性研究并没有引起广泛的关注。2002 年 3 月，美国斯坦福大学 Mark Wiesner 博士发现工程纳米颗粒在实验动物的器官中聚集，并被细胞所吸收[2]。特别是 2003 年 3 月，美国化学会举行的年会上报告了纳米颗粒对生物可能存在的作用，引起了世界的广泛关注，掀起了纳米技术安全性研究的热潮。在美国化学会的报告当中，纽约罗切斯特大学（Rochester University）医学和牙科学院的毒物学家 Oberdorster 发现，大多数在含有直径为 20 nm 的"特氟龙"塑料（聚四氟乙烯）颗粒的空气中生活了 15min 的实验鼠会在随后 4 h 内死亡[3]；而暴露在含直径 120 nm 颗粒（相当于细菌的大小）的空气中的对照组则安然无恙，并没有致病效应。在另一项研究中，该研究小组发现用 C_{13} 和锰制作的纳米颗粒能够进入大鼠的嗅球，并迁移到大脑。丁堡大学呼吸毒理学教授 KenDonaldson 的老鼠试验证实[4]，从鼻孔进入的纳米颗粒可以迁移到大脑部位，并能够从肺部进入血液循环。

位于休斯敦的美国宇航局太空中心的 Lam 研究组将老鼠分别与下述 4 种物质接触：单壁碳纳米管与用于制造纳米管的金属催化剂微小粒子的混合物；除去了金属后的单壁碳纳米管；炭黑和所有形状像非晶态微小粒子的碳物质；以及纳米石英粒子，结果发现都明显地显示出毒性。

他们用含有适中浓度的这种纳米物质的溶液喷到老鼠的腿部，培养 7 ～ 90 天。生理组织学检测表明，所有粒子都进到老鼠的肺泡中，肺中的细小空气液囊和存留在那里的绝大多数粒子甚至于在 90 天之后也相互作用，炭黑粒子则诱发小的炎症。但就是在低浓度下，含有或不含金属的碳纳米管也会诱发肉牙肿。Lam 说，这是一种围绕着纳米粒子的坏死的和活的细胞组织联合体，表示有明显的毒性。杜邦公司的 Warheit 研究小组也发现了类似的结果，但是他们发现炎症在 3 个月之后减轻了。

Nature 杂志报道了 CBEN 科学家 Mason Tomson 的工作，即巴基（buckyball）可以在土壤中毫无阻碍地穿越。该课题组未发表的实验结果表明，这些纳米颗粒易于被蚯蚓所吸收，由此会通过食物链到达人体[5]。

2004 年美国科学家 Gnter Oberd Lrster 博士发现碳纳米颗粒（35 nm）

可经嗅觉神经直接进入脑部[6]。Vyvyan Howard 博士发现金纳米颗粒可通过胎盘屏障由母体进入到胎儿体内[7]。2004 年 2 月加州大学圣地亚哥分校的科学家发现硒化镉纳米颗粒（量子点）可在人体中分解，由此可能导致镉中毒[8]。2004 年 3 月 EvaOberd Lrster 博士发现巴基球（富勒烯）会导致幼鱼的脑部损伤以及基因功能的改变[9]。鉴于该脑损伤的快速发作，在广泛使用该项新技术之前，进一步对其风险和利益进行测试与评估很重要。

2005 年我国科学家赵宇亮等人通过深入的研究，分析综述了几种纳米材料（纳米 TiO_2、单壁碳纳米管、多壁碳纳米管及超细铁粉），目前已取得的部分生物效应及毒理学的研究结果，包括纳米材料在生物体内的分布、作用的靶器官、纳米材料引起的细胞毒性、细胞凋亡等，并对纳米颗粒的生物毒性进行了初步评价。纳米颗粒的尺寸越小，显示出生物毒性的倾向越大。尽管碳纳米管是由石墨层卷成的圆筒，但是根据石墨的安全剂量来外推碳纳米管的安全剂量是不可行的，碳纳米管的生物毒性远大于石墨粉。表观分子量高达 60 万的水溶性纳米碳管，在小鼠体内却显示出小分子的生理行为。一种正在研究的磁性纳米颗粒在动物体内显示出迅速团聚、堵塞血管等现象[10]。孙康宁等人发现纳米材料可以经过肺血屏障和皮肤进入体内，巨噬细胞的消除功能开始下降，造成纳米物质在体内的聚集，可能导致毒性的产生，且粒径越小其吞噬能力越小[11]。Thomas Jefferson 大学 Kimmel 癌症中心和 Jeff erson 医学院的科学家利用透明的斑马鱼晶胚证明，纳米颗粒（富勒烯衍生物）能帮助保护正常组织免受辐射损伤[12]。美国 Rice 大学发现富勒烯表面羟基化后，其细胞毒性可降低至一百万分之一[13]，这为探讨如何降低纳米毒性，寻找纳米安全性的解决方案提供了很好的思路。

2006 年瑞士专家首次将氧化锆、二氧化钛和二氧化铈等极难溶解的纳米微粒以及氧化锌、氧化铁和磷酸三钙盐等可适度溶解的纳米微粒与已知部分有毒和无毒物质进行比较，研究发现某些纳米微粒对人体和啮齿动物细胞的毒性惊人，表明某些纳米微粒具有一种特殊的毒性反应[14]。东京大学、日本电气公司等机构证实，在使用量正常的情况下，不含金属等杂质的纯净碳纳米突对人体细胞基本无害[15]。他们制成了不含杂质且直径统一为 100 nm 的"标准物质"，把碳纳米突放进人体细胞培养液中使它们溶解，观察其是否妨碍细胞分裂。结果显示，当 1 L 培养液混有 0.1g 碳纳米突时，细胞分裂不受影响。当培养液中的碳纳米突含量达到 1g/L 的极高浓度时，仍有 75% 的细胞正常分裂，得出了具有说服力的结果。高能物理研究所赵宇亮等对纳米碳管的细胞生物效应和毒理学效应进行了系统研究，发现肺巨噬细胞吞噬一定量的纳米碳管以后，其细胞功能会被大幅度降低，细胞结构也会受到影响[16]。

3. 问题与建议

纵观以上这些进展，由于存在一些方法学的问题，仍然不能证明人造纳米材料一定有害，特别是不能说明存在的问题是纳米材料本身造成的。在以上这些研究中，首先是存在纯度的问题，目前进行实验的材料往往混有其他杂质，这些杂质所起到的作用，在使用高纯材料进行实验之前，是无法排除的。其次，存在粒度均匀性问题，目前进行实验的材料粒度分布很宽，从几个纳米到几百纳米的颗粒都存在，不同粒径的性质无法检验出来，目前的实验结果到底是小颗粒作用的结果，还是大颗粒的结果，有待于粒径均匀颗粒实验结果的出现。最后，目前所有的评估，都没有一个标准的方法，不同方法之间的结果也不具备可比性。

故此，本文针对以上存在的这些问题，提出以下建议：①建议先从纳米材料制备的方法学入手，制备高纯的和粒度均匀的纳米材料；②建议从纳米材料评估的方法学入手，建立一套评估的标准方法；③鉴于纳米材料的特异性，建议分不同层次对纳米材料进行评估，可以分为分子层次、细胞层次、组织层次、动物层次、生态层次。只有这些内容完善以后，对纳米材料的安全评估才可能是客观、公正的。

参考文献：

[1] DU NFORD S, et al. Chemical oxidation and DNA damage catalysed by inorganic sunscreen ingredients [J]. FEBS Letters, 1997, 418 (1－2): 87－90.

[2] DOU G B. Nano litterbugs Experts see potential pollution problems [EB/OL]. [2002－3－15]. http：//www. smalltimes. com.

[3] GALLAGHER J, SAMS R, INMON J, et al. Formation of 8－oxo－7, 8－ dihyd ro－2'－deoxyguanosine in rat lung DNA following subchronic inhalation of carbon black [J]. Toxicology and Applied Pharm acology, 2003, 190 (3): 224－231.

[4] DONALDSON K, et al. Ultrafine particle mediated lung injury [J]. Journal of Aerosol Science, 1998, 29 (5－ 6): 553－560.

[5] GEOFF B. A little knowledge [J]. Nature, 2003, 424 (6946): 246.

[6] ALEX K. Tiny particles threaten brain [N/OL]. [2004－01－08]. http：//news. bbc. co. uk/1/hi/sci /tech/3379759. html.

[7] BEN W. Bristish scientist：nanoparticles might move from mom to fetus [EB/OL]. [2004－01－14]. http：//www. smalltimes. com.

[8] JUSTIN M. Safety concerns over injectable quantum dots [J]. New Scientist, 2004, 181 (2436): 10.

[9] MARK T S. Type of buckyball shown to cause brain damage in fish [EB/OL]. [2004—03—28]. www. eurek alert. org.

[10] 汪冰, 丰伟悦, 等. 纳米材料生物效应及其毒理学研究进展 [J]. 中国科学 (B辑), 2005, 1: 1—10.

[11] 朱广楠, 孙康宁, 等. 碳纳米管和几种纳米颗粒材料的安全性研究进展 [J]. 生物骨科材料与临床研究, 2005, 5: 48—50.

[12] ADAMD M D, ULRICHR M D. Nanoparticle shows promise in reducing radiation side effects [EB/OL]. [2005—11—15]. http://www. physorg. com/news8186. html.

[13] CHRISTIE S, FENG L, JARED H, et al. The isabel C cameron, modifications render carbon nanotubes non toxic [EB/OL]. [2006—10—26]. http://www. physorg. com/news7588. html.

[14] WENDELIN S. Nano world: nanoparticle toxicity tests [EB/OL]. [2006—04—05]. http://www. physorg. com/news63466994. html.

[15] HIROYUKI I, TAKATSU GU T, RUI M, et al. Preparation, purification, characterization, and cytotoxicity assessment of water—soluble, transition—metal—free carbon nanotube aggregates [J]. Angew Chem Int E d, 2004, 45 (40): 6676— 6680.

[16] JIA G, WANG H F, YAN L, et al. Cytotoxicity of carbon nanomaterials: single — wall nanotube, multi — wall nanotube and fullerene [J]. Environ Sci & Technol (EST), 2005, 39: 1378—1383.

7.2　纳米技术环境安全性的研究及纳米检测技术的发展

纳米尺寸处在以原子、分子为代表的微观世界和宏观物体交界的过渡区域, 基于此尺寸的系统既非典型的微观系统亦非典型的宏观系统, 因此有着独特的化学性质和物理性质, 如表面效应、小尺寸效应、量子效应和宏观量子隧道效应等, 而这些特性在同样组分的体材料中是不具有的。近年来, 纳米材料在高科技领域的应用日益增多, 越来越多的纳米产品进入市场, 包括运动器材、服装纺织、化妆品、医药、电子产品、清洁产品和食品等, 给人们的日常生活带来很多新的变化。纳米技术作为21世纪的主流技术之一, 将对社会经济和人类的生活产生重要影响。但是, 科学家们注意到纳米技术在创造财富的同时也给环境和人类健康带来一定风险。国内外的学者对纳米材料的生物安全性和环境安全性研究已起步。

1. 纳米材料环境安全性研究进展

纳米材料并不是纳米技术兴起之后才出现的，在大自然中早已存在大量纳米级别的天然材料，包括纳米级别的环境污染物，如大气中烟囱和柴油车的排放物、垃圾燃烧的烟雾、道路的灰尘以及森林大火、火山喷发、海水飞沫等，水体中的各种农药、聚硫化物、聚磷酸、聚硅酸、病毒、生物毒素、藻毒素、激素、信息素等。人工制备的纳米材料也可通过工业生产、纳米产品分解、纳米材料自组装等途径释放到环境中去。纳米材料不可避免地会进入大气层、水圈和生物圈，这些纳米材料会对人体的健康造成很大影响。纳米材料往往具有显著的配位、极性、亲脂特性，有与生命物质强烈结合进入体内的趋势，有很强的吸附能力和很高的化学活性。大气中的纳米颗粒物在人体呼吸系统内有很高的沉积率，并且尺寸越小，越难以被巨噬细胞清除，且容易向肺组织以外的组织器官转移。虽然纳米颗粒物在环境中存在的浓度一般较低，但它们一旦被摄入后即可长期结合潜伏，在特定器官内不断积累增大浓度，终致产生显著毒性效应。另外，通过食物链逐级高位富集，也可导致高级生物的毒性效应。纳米污染物会与大的物质复合产生新的污染物，这种污染物对环境和生物的危害也是不容忽视的[1]。

纳米材料生物安全性的研究是近年的研究热点，国内外的学者都在纳米材料对生物体安全性的评价上取得了一定的进展，国家纳米中心的任红轩博士综述了国内外对人造纳米材料生物安全性的研究进展[2]，在此不再赘述。

纳米材料环境安全性的研究刚刚起步，纳米级别物质在环境中存在状态、传输、转化和与其他物质相互作用的规律等基本科学问题还没有得到解决，主要因为对纳米物质的在线检测手段并不是十分有力。大气中的超细颗粒（小于 100 nm 的颗粒物）的在线检测是目前对环境纳米颗粒检测进展较大的研究领域，主要有静电低压撞击分离器（ELPI）、扫描电迁移颗粒谱仪（SMPS）和激光诱导白炽光光谱（LⅡ）等三种技术，可以分别在线诊断纳米颗粒物的数量浓度及质量浓度，但是三种技术在检测同种污染源时的测试结果却是不同的，说明这三种基于不同测试原理的检测技术并不能完全反映大气中纳米颗粒物的真实状态[3-6]。为了把握纳米材料环境安全研究的发展方向，国内专家召开了 314 次香山科学会议，对目前的研究误区和将来的发展方向进行了研讨。专家们认为，纳米技术为环境安全领域提供了新的研究机遇，推动了环境研究向更深层次发展，它可以使人们认识到以前不能认识的污染现象，检测、察觉到以前不能察觉的污染物，治理以前无法治理的环境污染问题；环境安全为纳米技术的发展提出了新的研究课题，提供了新的创新空间，对纳米技术应用潜在的环境风险的研究必将丰富人们对纳米技术科学内涵的全面认识，促进纳米技术新原理、新规律和新方法在更深层面上进行研究，为发展绿色纳米技术、提高纳米技术应用的有效性奠定基础。

2. 纳米安全性认识上的误区

目前对纳米材料生物及环境安全性的研究存在一定的误区，致使公众对纳米材料的安全性提出质疑，甚至对纳米产品的生产持反对态度。这是大家对纳米安全性研究的误解，认为现在科学家研究纳米材料的负面效应说明纳米材料是非常危险的，其实不然。纳米技术已经取得了举世公认的成绩，人们普遍认为纳米技术充满了活力，是对 21 世纪社会、经济和人们生活最有影响力的技术之一。纳米技术的发展势头向各个领域渗透的能力不亚于 19 世纪的电力技术和 20 世纪的微电子技术。然而，任何事物都是一分为二的，纳米技术在为人类创造财富的同时不可避免地会带来一些负面效应。现在科学家研究纳米技术的负面效应不是因为它已经到了必须研究的地步，而是为了纳米技术能够更加健康的发展，能够在发展纳米技术的同时规避它的环境风险和健康风险。以前评价一项技术对社会的贡献主要以创造财富，带动各个领域的发展进行考量，应该说这是无可厚非的，但是在今天财富创造的体系评价中必须增加环境安全风险这一指标。历史上曾经为社会创造巨大财富的技术后来证明有些是危害极大的。1938 年滴滴涕的发明曾经给农业杀虫、除草和家庭消灭蚊蝇、寄生虫等做出了巨大贡献，为此还在 1948 年获得了诺贝尔奖，但是由于对环境安全有重大影响，残留的多氯联苯等有机物至今仍然是环境急需解决的重要问题之一，它对全球生态的影响还在延续，20 世纪 60 年代开始国际有关组织做出决定全面禁止使用滴滴涕和六六六。今天，我们从环境的高度去评价和发展纳米技术可以推动纳米技术的健康发展。

纳米物质和纳米污染物在自然界中早已存在，只是对纳米材料的研究使得人们对纳米污染物的认识更加深入，人造纳米材料相对于自然界中原有的纳米物质来说是微乎其微的，人们接触的机会相对少得多，只是在纳米材料的加工场所接触的机会更多一些。纳米材料在生产加工过程中扩散到环境中或进入生物体中的真实状态可能与现在实验室研究所采用的人造纳米材料样品有很大区别。纳米材料与环境和生物体的作用是一个复杂的过程，不能简单地说哪个纳米材料是有毒的，在做纳米材料的毒理学实验时有很多综合的因素应该得到考虑。首先是剂量问题，在大剂量下有害的物质小剂量并不一定就是有害的。很多致癌物质（如二恶英）每天成人可以接受的量是几十到一百皮克，因为人体细胞自身具有修复和代谢功能；

其次是形态问题，纳米颗粒物可以进入生物体危害健康应该与其形态有关，砷（As）的毒性就与其化学组成相关，砒霜（As_2O_3）是有毒的，而雌黄（As_2S_3）、雄黄（AsS）对人体是有益的；另外，现在的毒理学实验都是用动物做实验的，从动物推断到人身上还要开展流行病学调查，现在能够大量接触到人造纳米材料的机会很少（除了工厂可能会多些），开展流行病学调查也是有困难的。所以，纳米材料的风险评估是一个复杂的问题，不能简单地就把实验室得到的结果拓展到现实中，大家还是要清楚地认识到科学研究阶段的结果并不是最后的结论。

3. 纳米技术在环境领域的切入点

自 20 世纪以来，纳米技术取得了飞速的发展，给世界经济带来了巨大的变化。然而，纳米技术的发展也可能给环境和生态系统带来了一些负面影响。在大力发展纳米技术的同时，还需研究纳米材料在空气、土壤和水中的存在状态、输运和沉降规律，防止在利用纳米技术为人类造福的同时发生二次污染。纳米传感技术具有高灵敏度、高选择性、低功耗、微型化等优点，可通过形成纳米传感器对环境进行实时准确的监控，为环境的保护和治理提供科学依据。

纳米材料通常是指尺度在 1～100 nm 之间的粒子所组成的粉体、薄膜和块材等，是处于原子簇和宏观物体交界的过渡区域，有着独特的化学性质和物理性质，如量子尺寸效应、小尺寸效应、表面效应、介电限域效应和宏观量子隧道效应等，使材料具有许多新奇的光学性质、电学性质、热学性质、磁学性质、力学性质、化学和催化性质。近年来，纳米材料在高科技领域的应用日益增多，取得的实验室成果充分说明纳米材料和纳米结构是常规材料无法代替的，显示了十分广阔的应用前景，在纳米电子学、微纳加工、纳米生物医药等领域的研究方兴未艾。纳米技术在环境监测和治理领域中的应用研究也引起人们极大的关注，纳米技术在检测纳米尺度物质方面具有独特的优势，可以发展纳米检测技术有效地检测环境中的纳米污染物。

纳米材料的尺寸、表面积、表面化学基团、溶解性、形状等因素都是影响其生物环境安全性的重要因素。纳米材料的多样性决定了对纳米材料生物环境安全性评估方法必须具有多样性，在评价时需要多种指标参数。现在对纳米材料各参数的测量主要以离线手段为主，很多近代发展的形态、结构、界面观测仪器都已应用在纳米材料的分析中，如扫描电镜、透射电镜、扫描隧道显微镜、原子力显微镜、颗粒电泳仪、流动电位仪、X射线吸收光谱等。近年来，研究人员也发展了一些用来在线检测和控制纳米颗粒的技术，如静电低压撞击分离器（ELPI）、扫描电迁移颗粒谱仪（SMPS）和激光诱导白炽光光谱（LII）等，但是这些仪器只是测量单一的指标，且彼此的测量结果存在差异。纳米检测技术将有望突破现有技术的障碍，利用新的检测原理、方法和技术，为环境中纳米材料的在线检测提供有力的工具。

4. 纳米检测技术的发展

随着纳米技术的发展，人们已经将研究热点逐渐从纳米形貌的制备向纳米器件方向发展，纳米传感器件将是最有利的突破口，可能会产生重大的科研成果。学者们已经研制出多种多样的基于纳米材料的光学、电学等性质的纳米传感器，下面介绍几种研究比较多的纳米传感器类型和两种能够用于纳米颗粒检测的纳米传感器。

（1）基于量子点的传感器

纳米尺寸的低维半导体量子点有着巨大的应用。纳米颗粒的光学性质随尺寸减小显著的变化，越小的纳米晶，能级之间的区别就越大，带隙的宽度越宽，荧光的波长越短。例如，小的 CdSe 纳米晶（直径 2.5 nm）具有绿色的荧光，而大一点（直径 7 nm）的纳米晶具有红色的荧光[7]，因此在合成半导体纳米晶的过程中，通过调节尺寸基本上可以获得在可见光范围内的所有颜色的荧光。量子点的特点是克服了荧光染料的两个缺点：他们具有尺寸调节的荧光发射能力和对荧光衰减的抗拒能力，这就使得它们可以用于连续监测荧光的传感器[8]。目前量子点已用于探测有毒阴离子的纳米传感器。

（2）基于碳纳米管的传感器

基于碳纳米管（CNTs）传感器有很多类型，有人将单根碳纳米管制作成场效应管传感器[9]，也有人将碳纳米管阵列做成场离子化传感器[10]和电容、电导式传感器[11-13]，当目标分子靠近碳纳米管时会改变碳纳米管的击穿电压或电导、电容特性，许多研究都显示碳纳米管的电学性质对电荷转移的影响和不同分子的化学掺杂是相当敏感的。二氧化碳、甲烷等导致温室效应的气体对于环境监测来说是非常重要的，也是用 CNTs 制备的纳米传感器的重要的探测目标。其他的气体，如二氧化氮，氨气和水蒸气等令人感兴趣的分析物，都已经作为碳纳米管传感器的检测目标而被广泛的研究。

（3）基于纳米线的传感器

大多数基于纳米线传感器的研究都是场效应管类型的[14]，说明基于纳米线的传感器都是以测量其电学性能为主。将金属或者半导体的纳米线接上电极可以测量单根纳米线的气敏特性，也可将纳米线分散在电极表面形成半导体纳米线薄膜，当目标分子被吸附在纳米线表面后其电导性能发生改变[15]，可以检测空气中常见的一些危险气体，如乙醇、氨气、氢气、一氧化碳等气体。哈佛大学的 Lieber 课题组将硅纳米线做成场效应管，在硅纳米线上修饰病毒或癌症标志物的受体，当病毒或癌症标志物与其受体结合时硅纳米线的电学信号发生变化，这种方法可以做到单分子水平的检测[16,17]。

（4）基于多孔硅的传感器

多孔硅材料是一个复杂的 Si 的细丝网络，每一个的厚度在 $2\sim5nm$ 范围，小孔的尺寸从几个纳米到几个微米，导致了半导体材料的内表面的面积与体积的比例升高到 $500m^2/cm^3$，非常小的孔在室温下使材料产生了强烈的发光，发光波长依赖于材料的多孔性。这个特性可以用来设计气体传感器[18]，它们的定性响应能够通过观察颜色的改变来进行监测，在绝大多数纳米传感器中，多孔硅同时具有矩阵和传感器的功能。

（5）光纤纳米传感器

与其他类型的传感器相比，光纤纳米传感器不但体积微小、灵敏度高，而且不受电磁场干扰，不需要参比器件。它可以进入细胞内部，对细胞内结构和细胞质的变化进行在线测量[19]。光纤纳米传感器是用光纤拉制仪将光纤拉制成光纤探针，用真空蒸发器在光纤表面镀上铝，以防止光在传输过程中外泄，然后将暴露的光纤头部硅烷化，表面修饰上含羟基或氨基的活性物质，固定识别待测分子的抗原或抗体，最后在光纤头部结合上一种 pH 选择性染料聚合物，其最低检出限可以达到 $10^{-21}mol$。

（6）纳米机械传感器

质量敏感的传感器是不同类型的机械传感器，如石英晶体微天平和表面超声波器件。基本原理是当一个物体放到共鸣器上时，它的共振频率会发生改变。尽管它们得到了广泛的应用，但是很难在宏观尺度下明显提高它们的质量参数，只有当悬臂共鸣器减小到纳米尺寸的时候才可以实现，因为悬臂振动频率与它的尺寸成线性的反比，悬臂尺寸在微米范围内通过这种方法可以使振动频率达到 MHz 的量级，只有当悬臂的尺寸达到纳米范围，振动频率才可以达到 GHz 的量级[20]。悬臂振动频率的改变与在共鸣器表面的物体的质量成正比。不同的悬臂表面固定有不同识别性的分子，构成阵列式传感器，可以探测不同物质的浓度，当一个目标物质从空气或者水中进入器件，在悬臂表面的分子就会跟目标物质发生作用，导致悬臂的振动频率发生变化。中科院合肥智能机械研究所研制基于微悬臂梁技术的 DNA 纳米传感器，可用于检测环境中的有毒有害气体和癌症早期诊断。

（7）基于碳纳米管的库尔特纳米颗粒计数器

如上所述，纳米传感技术对于环境中纳米颗粒物的在线检测具有独特的优势，但是目前利用纳米技术对纳米颗粒物的检测技术还研究甚少，上面提到的 Lieber 小组利用硅纳米线传感器对病毒和癌症标志物的检测可以说是一个成功的例子。德克萨斯农工大学的 Crooks 课题组利用碳纳米管制作的的库尔特纳米颗粒计数器[21]，是利用纳米技术直接在线检测纳米颗粒物的又一亮点。该方法是在碳纳米管两端的溶液中各置一支化学电极，一端是含有待测纳米颗粒物的溶液，另一端是不含颗粒物的空白溶液，当单个纳米颗粒物通过碳纳米进入到另外一端的溶液中时，溶液中的电极即产生电化学信号。这种传感器可检测溶液中单个纳米颗粒的尺寸和电泳迁移率，也能够确定溶液中纳米颗粒物的浓度。

（8）基于纳米狭缝（nanogap）的电介质调控场效应（DMFET）传感器

随着纳米技术的深入发展和环境检测的需要，对环境中的细菌、病菌、痕量的有毒有害气体、颗粒等等的检测，其装置需要具备尺寸小、集成度高、灵敏度高等特点。韩国科学技术院（KAIST）电子系 Yang-Kyu Choi 教授研究室研制出基于纳米狭缝（nanogap）的生物电子传感器具有检测纳米颗粒和病毒等纳米级别污染物的潜在应用[22]。这种基于电介质调节的场效应竖直型 nanogap 装置不仅克服了平面 nanogap 复杂、昂贵的平板印刷制备工艺，只需要简单的薄膜技术和湿法刻蚀技术即可完成；而且比其他的狭缝（gap）装置有较高的灵敏度。在这个装置中当门极上施加的电压超过阈值电压 V_T 时，会检测到漏源电流 I_{DS}。而 V_T 依赖于门极电介质电容的变化，当生物分子或其他的气体分子被引入到 nanogap，V_T 会发生移动，因此通过监控 V_T 的变化来检测生物分子或其他气体分子。

5. 结论和展望

纳米技术在过去、今天乃至将来仍将发挥重要的作用，纳米技术在改善人们生活质量上所发挥的积极作用是不可替代的，它的正面效应是占主导地位的。但是，我们也要清醒地认识到它对生物和环境的潜在风险也是不容回避的，为了使纳米技术向着更健康的方向发展，必须积极开展对纳米技术环境风险评估的研究。在大力发展纳米技术的同时，还需研究纳米材料在空气、土壤和水中的存在状态、输运和沉降规律，防止在利用纳米技术为人类造福的同时发生二次污染。研究纳米器件的新原理、新方法和新技术可能会研制出一系列新型传感器，对纳米材料生物环境安全性研究将会起到巨大的推动作用。纳米传感技术具有高灵敏度、高选择性、低功耗、微型化等优点，可通过形成纳米传感器对环境进行实时准确的监控，为环境的保护和治理提供科学依据。因此建议：

①加强对纳米材料和纳米检测技术新原理、新方法的研究；

②发展多种用于环境监测的纳米传感器和检测设备，建立系统的纳米监测网络；

③在利用纳米技术治理和修复环境的同时监控纳米材料对环境造成的二次污染；

④加强新型纳米检测技术在环境监测中的应用。

参考文献：

[1] 汤鸿霄. 环境纳米污染物与微界面水质过程 [J]. 环境科学学报，2003，(2)：146—55.

[2] 任红轩. 人造纳米材料安全性研究进展及存在问题 [J]. 自然杂志，2007，29 (5)：270—272.

[3] 熊刚，李水清，宋蔷，等. ELPI 和 SMPS 在纳米颗粒测量方面的探索 [c] // 香山科学会议 314 次学术讨论会交流材料，2007：60—70.

[4] MARICQ M M, PODSIADLIK D H, CHASE R E. Size distribution of motor vehicle exhaust PM: A comparison between ELPI and SMPS measurements [J]. Aerosol Science and Technology, 2000, 33: 239—260.

[5] KOCK B F, KAYAN C, KNIPPING J, et al. Comparison of LII and TEM sizing during synthesis of iron particle chains [J]. Proceedings of the Combustion Institute, 2005, 30: 1689—1697.

[6] KRUGER V, WAHL C, HADEF R, et al. Comparison of laser induced incandescence method with scanning mobility particle sizer technique: the influence of probe sampling and laser heating on soot particle size distribution [J]. Measurement Science and Technology, 2005, 16: 1477—1486.

[7] PARAK W J, GERION D, PELLEGRINO T, et al. Biological applications of colloidal nanocrystals [J]. Nanotechnology, 2003, 14: R15—27.

[8] SMITH A M, NIE S. Chemical analysis and cellular imaging with quantum dots [J]. Analyst, 2004, 129: 672—677.

[9] SOMEYA T, SMALL J, KIM P, et al. Alcohol vapor sensors based on single—walled carbon nanotube field effect transistors [J]. Nano Letters, 2003, 3 (7): 877—881.

[10] MODI A, KORATKAR N, LASS E, et al. Miniaturized gas ionization sensors using carbon nanotubes [J]. Nature, 2003, 424: 171—174.

[11] SNOW E S, PERKINS F K, HOUSER E J, et al. Chemical detection with a single—walled carbon nanotube capacitor [J]. Science,

2005，307：1942—1945.

［12］SNOW E S，PERKINS F K. Capacitance and conductance of single—walled carbon nanotubes in the presence of chemical vapors［J］. Nano Letters，2005，5（12）：2414—2417.

［13］KONG J，FRANKLIN N R，ZHOU C，et al. Nanotube molecular wires as chemical sensors［J］. Science，2000，287：622—625.

［14］RIU J，MAROTO A，RIUS F X. Nanosensors in environmental analysis［J］. Talanta，2006，69：288—301.

［15］WANG Y，JIANG X，XIA Y. A solution-phase，Precursor route to polycrystalline SnO_2 nanowires that can be used for gas sensing under ambient conditions［J］. J. Am. Chem. Soc. ，2003，125：16176.

［16］ZHENG G F，PATOLSKY F，CU Y，et al. Multiplexed electrical detection of cancer markers with nanowire sensor arrays［J］. Nature Biotechnology，2005，23，1294—1301.

［17］PATOLSKY F，ZHENG G F，HAYDEN O，et al. Lieber electrical detection of single viruses［J］. PNAS，2004，101（39）：14017 —14022.

［18］LIN V S Y，MOTESHAREI K. ，DANCIL K P S，et al. A porous silicon based optical interferometric biosensor［J］. Science，1997，278：840—843.

［19］ VODINH T. Nanobiosensors：Probing the sanctuary of individual living cells［J］. Journal of Cellular Biochemistry，2003，87（S39）：154—161.

［20］LAVRIK N V，DATSKOSA P G . Femtogram mass detection using photothermally actuated nanomechanical resonators ［J］. Appl. Phys. Lett. ，2003，82：2697—2699.

［21］TAKASH I I T O，SUN L，RONA LD R，et al. A carbon nanotube — based coulter nanoparticle counter ［J］. Acc. Chem. Res. ，2004，37：937—945.

［22］IM H S，HUANG X J，GU B S，et al. A dielectric—modulated field—effect transistor for biosensing［J］. Nature Nanotechnology，2007，2（7）：430—434.

7.3 纳米技术对人体健康的影响

编译者按：上世纪末以来，纳米技术取得了十分惊人的发展。在纳米材料方面，由于纳米粒子具有许多独特的性能，引起了人们广泛的关注。在应用方面发展尤为迅速，出现了许多冠以纳米的材料，呈现出令人炫目的前景，因此有人认为这是一种奇迹，甚至预言将出现"纳米时代"。但是纳米材料和纳米技术的发展有无负面影响，对人类健康、环境和生态有无潜在危害，在奇妙的光环下，却很少有人关注。科学技术的成就往往都是双刃剑。想当年氟氯烃（CFCs）的发明和应用对世界的经济和文明起了多大的影响，但是多少年后却出现了臭氧空洞问题，不得不减少或禁止使用。又如 DDT 和六六六对人类带来多大的利益，但是数十年后却不得不禁止应用。因此，对发展潜力巨大的科学技术进展，全面地研究它的发展，从各方面考虑它的影响是十分重要的。最近以来，常看到国外期刊上有关于纳米技术可能带来负面影响的报道，2006 年《绿色化学》（Green Chemistry）刊载了 3 位澳大利亚和新西兰学者的综述文章，从绿色化学的观点分析研究了纳米粒子对人体健康的影响，内容较翔实、全面，现将其主要内容摘报于下以供参考，并期望在国内的纳米热中引起注意。

1. 关于对纳米技术的认识

纳米技术的定义有多种方法界定，一般是指在 1～100nm 尺度上进行操作、测定、制造和预测的能力。在纳米尺寸范围内，材料呈现新的性能，与其单个原子或多原子集聚的整块材料都不同，这些性能在很大程度上与其粒子大小有关。纳米技术不能划入某一科学学科，它与化学、物理、生物和工程学相关，是一门跨专业的学科，最近以来则将毒物学融入，所以人们常常将纳米技术 Nanotechno logy 写成复数 Nanotechnologies，表明它包含多种学科。

纳米技术应用可以提高和改善人类生活质量，对世界经济将产生重大影响。现在全世界每年投资新型纳米技术超过数十亿美元，从 2003 年的数字看，政府和企业各占一半。纳米技术对可持续发展技术，对未来人类和环境都是十分重要的，但是，纳米技术是否会造成问题则需要十分重视。游离的纳米粒子与固定的纳米粒子间是有很大区别的，认识其差异是非常重要的。前者对健康直接影响大，因为它们难以包容集聚，容易在空中飞扬，能被人吸入。根据这种差异可以有目的地设计不同用途的纳米粒子，称之为"工程化粒子"，以区分副产物粒子、废料粒子和天然存在的粒子。一般地说，纳米技术主要是工程化粒子。但是于纳米材料对人体健康影响，则应当要包括游离态和固定态的纳米粒子，以及工程化、废料和生物纳米材料。

2. 纳米材料的形态

纳米结构是按其纳米级维度数（dimension）分类。例如表面上的纳米级特征是一维，纳米管具有两个纳米级的维度，而纳米粒子在所有三个维度上都是纳米级。纳米粒子可以工程化（即有意向的）亦可以非意向化伴随产生或是废料粒子，它们是纳米技术中最具特点的基本结构。

工程化的纳米粒子包括很广泛的范围，从元素金属，无机物质如 TiO_2、ZnS、ZnO 和碳基富勒烯及其衍生物和复合材料。元素金属的纳米粒子可用作催化剂，惰性大的金属可用作肿瘤热处理治疗。TiO_2、ZnS、ZnO 已用于太阳镜和化妆品进入消费市场。TiO_2 纳米晶体可以从天然矿中取得，曾在人肺中发现。富勒烯是纳米粒子，可在燃烧和烹调中产生，现在已能工业生产。燃烧过程中可以伴生纳米粒子，自上世纪以来随着工业化的进展，纳米粒子有很大增加。海藻和植物也可能产生纳米粒子胶体。碳纳米管（CNTs）是当前研究中最常见的形式，CNTs 的长度可达直径的千倍以上，能形成纤维状晶体材料。这类长而薄型不溶性的纳米管可能会产生与石棉纤维类似的被人吸入肺的危险，这种物质可集存于肺中数十年，造成肺纤维化，增加致癌危险。

3. 纳米粒子和人类健康

纳米粒子进入人体有以下几条途径：

①通过肺，经血液流动迅速转移；

②肠道系统；

③皮肤。

材料的生物兼容性是十分重要的。球状的纳米粒子<100nm 沉积于肺泡中，小直径的纳米纤维也是如此。肺能清除球状纳米粒子，半衰期是 70 天，粒子本身并不影响其清除机制，而纤维则可留在肺中数年之久，增加肺癌的风险。肠道摄取纳米粒子问题比肺膜和皮肤摄入明显，这对设计纳米粒子作药品释放和食品保护非常重要，对于<100nm 的纤维造成皮肤危害则尚无信息报道。

关于纳米粒子进入人体的关键问题，除了空气中纳米粒子对肺的影响外，就是纳米材料的尺寸和表面的特性和其进入点。只要进入后，不论此纳米粒子是否有毒，其表面的特性就成为主要问题，在纳米粒子的表面形成的游离基具有毒性因素。例如硅的细胞毒性就与表面游离基存在和具有反应性氧有关，这就是发生肺癌和纤维化的主要原因。其他如 ZnO 和 TiO_2 纳米粒子在太阳镜中应用也有类似问题，接触皮肤可能会产生不良影响。

TiO_2纳米粒子可催化造成 DNA 伤害，富勒烯 C_{60} 是一种单个氧发生剂，也有潜在的健康方面的风险。纳米粒子的分子化合物类似芳香环系统，其尺寸与形状可与 DNA 作用，具有致癌的潜在可能。纳米材料的毒性直接与其表面物性有关，如官能团、带电和放电情况。所有这些问题构成纳米毒性学的整体，涉及工程纳米结构和部件的安全评价。对于纳米毒性学的风险评价是跨学科的工作，它包含材料科学、医学、分子生物学、生物信息学等方面的研究。现在工程纳米粒子已广泛应用，因此，纳米毒性研究急待开展，主要包括：

（1）在纳米粒子表面上的物质转移

关于物质在纳米粒子表面的转移除了与表面物性相关外，其他知之甚少。空气中的纳米粒子表面上富含其他物质可以进入人体，带有诱变性物质的纳米粒子可留在肺中多年，增加致癌的危险。细胞可与比其尺寸更小的纳米粒子作用。CNTs 很容易进入细胞，对活性细胞构成影响。人类纤维细胞在纳米尺寸上对表面物性是敏感的，因此设计纳米材料时要予以考虑。

（2）生物材料与纳米管的互相作用

纳米管对健康的危害取决于材料性质，在纳米管加工过程中所包含的其他粒子或金属催化剂也会引起毒害。有报道称，CNTs 对活组织有害，它的一些性能与其长度有关，巨噬细胞能较快地裹住较短的纳米管，因此较长的纳米管可能引起较多的影响健康的问题。单壁碳纳米管（SWCNT）可以抑制细胞繁殖。非功能化的多壁碳纳米管（MWCNTs）虽对人体细胞有影响，但尚无构成风险的报道。

碳纳米材料造成体内细胞毒性有以下排序：SWCNT＞MWCNT（10～20nm 直径）＞石英＞C_{60}。SWCNT 在 $11.3\mu g/cm^2$ 下曝露 6h 后细胞毒性提高 35%，而球状 C_{60} 浓度 $226.0\mu g/cm^2$ 下曝露则毒性影响并无明显提高。功能化的 CNTs 本身无毒性，但它可能引起其他有害的分子转移入细胞。

（3）纳米尺寸系统对人体健康的影响

纳米粒子比表面大，对人体健康有不同的影响，提高生物活性是有益的，如抗氧活性，治疗载体能力，药物释放用的细胞屏障的渗透等；但也有危害性，如毒性，引起氧化或细胞染色功能。因此，纳米技术，特别是纳米粒子的安全性分析应当重视，目前纳米粒子毒性尚无标准。有几种因纳米粒子而造成环境污染的原因：如大量生产，贮运中溢出以及一些消费日用品的清洗等。其他如纤维和其他废弃材料中应用纳米粒子也可能因掩埋而造成环境污染。

（4）纳米技术的不利方面因素

通过皮肤、肺或肠道吸收可能造成无意接触纳米粒子，纳米粒子可能引起基因变异，纳米机器人因表面性能而会引起致癌危险。纳米粒子是大气污染的一个主要原因，这是由于燃烧而造成的。即使用不溶的无毒材料制造，纳米粒子也会比细粒更易着火，超细粒子可以影响肺细胞的吸入阻碍。纳米粒子已经证明可以穿透皮肤，但其危险性并不比通过肺和肠道吸入大，因为皮肤也是一种屏障，可以阻碍物质的交换。肺部是纳米粒子进入的主要途径，并能扩散到其他器官，纳米粒子在人体内扩散主要与其尺寸和物理化学性能有关，有些生物持久的粒子能长期留于体内造成伤害。通过对鼠类研究，发现纳米粒子可经过嗅觉神经超越血脑屏障。球状纳米粒子进入肺脏可以被清洗，但有些纳米粒子又会妨碍清洗，如纳米纤维，它的清洗则与其长度有关。

除了纳米粒子的尺寸外，其负载和表面化学对进入肺脏是很重要的，不仅是负载密度很重要，在粒子上负载的分布也很重要。粒子进入肺将浸入内层，一些反应性基团将改变生物效应。在纳米粒子上的反应基团影响与肺的作用。CNTs 的毒性研究表明它对人类健康的危害，而有评价却说这类材料不可能被吸入。纳米粒子从肺向其他器官转移是可以发生的。设计用于食品保鲜或用于药品释放的纳米粒子是通过肠道进行的，在产品进入市场前必须要有满意的实验结果。

（5）纳米技术的有益方面因素

纳米粒子能通过嗅觉神经超越 BBB，因此可用于药物释放，这是一项明显的有益的功能，但是一些不需要的纳米粒子也可能超越 BBB，因此引起人们的关注。各种材料的纳米粒子进入人体的毒性评价是非常重要的，其中包括食品技术中的纳米粒子。

4. 纳米技术对人类健康的状况

（1）毒性

最近提出纳米粒子的毒性研究要走系统化的道路，并要求有法规框架保护工人在生产中接触纳米粒子。现在纳米毒性已经建立了学科专业，研究对受影响人口致病和致死的原因，但相关数据尚少。在产品的全生命期过程中，纳米粒子可能进入环境。在风险评价中确定曝露时间和浓度是一项重要的工作，美国国家职业卫生和安全研究所（NIOSH）进行 5 年研究，对职业曝露环境，毒性和健康风险提出了以下内容：①未精制的碳纳米管在搬运处理时向大气释出粒子的可能性；②碳纳米管粒子的对肺部毒性；③吸入粒子的表面活性；④工作场所的纳米粒子浓度和风险评估。欧盟委员会的"Nanoderm"计划是以研究人们曝露于＜20nm 的粒子下毒性为基础的，其研究成果包括纳米粒子渗透，健康影响，风险评价等方面的定量信息。

（2）无危害的纳米技术

美国环境保护署（EPA）主要重点是从环境角度看纳米技术的健康应用，有开发绿色纳米技术规划，包括处理地下水的纳米粒子，用来监测重金属的纳米传感器以及汽车尾气的处理等。

用绿色方法合成银的纳米粒子已获成功，用水作为环境无害溶剂，糖（B−D 葡萄糖）作无毒还原剂，淀粉作稳定剂。

在面向可持续性发展方面进展不大，原因是从源头开发绿色工艺尚未进行。纳米技术要成为未来发展的关键，就必须具有可持续性思想。关于在日用消费品中的无害纳米粒子已进行了广泛的研究如 TiO_2 等。其他如 PVC、SiO_2 以及钴金属等纳米级粒子对人体细胞的影响也受到关注。

（3）毒性分析

大多数纳米产品可以按其所需结果设计毒性大小，在药品释放中需要载体的毒性降到最低程度，而在化学治疗剂方面，毒性就需要扩大，使其能针对专门的组织和部位，改变许多治疗剂的表面涂层可以提高选择性和毒性。

纳米粒子应在设计药物动力学和产品释放方面要十分谨慎，按人体消耗需要设计，因为停留在人体内，如果它的涂覆层破坏了，就会产生不同的结果。

关于各种 QD_s，碳纳米管，含有纳米粒子的内燃机尾气以及一些纤维状物和富勒烯 C_{60} 等对人体影响也都受到关注，并进行了广泛研究。

5. 法规和立法问题

欧洲议会最近提出限制某些有毒害物质在电器电子设备中使用，包括重金属在内。澳大利亚和新西兰的食物标准提出对各种新开发的食品和技术不仅要考虑其营养而且要安全无害，其中包括食品中纳米粒子。美国 FDA 同样提出，在上市出售前一定要进行安全性评价，其中特别提到有关纳米粒子问题。如果食品中应用了纳米技术必须要申明。英国最近也宣布，纳米粒子与其整块物质是不同的，须要专门考虑。最近以来，各方建议：①将纳米粒子和纳米管作为有危害物质；②在全生命期中要评价纳米粒子释放的风险；③要研究纳米技术的产品的毒性，生物积累和流行性病学，作为一种预防措施。在英国具有纳米特征的材料并未能当做新材料进行鉴定，有关毒性等相关问题尚待考虑，如：①毒性流行病学的危害标准；②危害试验的完善；③纳米粒子曝露接触的限度；④新的试验和保证纳米粒子适当过滤标准等。如果管理部门、产业部门和公众能适当地解决这些问题，纳米技术将会有一个光明的未来，对社会会带来许多好处，具有在科学和产业中获得出众信任的潜在可能。当然，纳米技术对环境影响的数据还要经过长期的工作才能建立社会的信赖。

美国国家科学基金会（NSF）2000 年已经进行两个专题研究：《环境中的纳米过程》和《纳米技术在社会和教育方面的实施应用》。2002 年 EPA 也有纳米技术和环境问题研究的年度计划，重点都是加工制造的纳米粒子（包括 QDs、CNTS 和 TiO_2）。它们提出了一些重要的风险评价项目，如：①曝露接触评价；②纳米粒子的毒性；③从现有的粒子和纤维毒性数据库对纳米粒子的毒性进行外推；④纳米粒子的环境和生物影响转移，持久性和转变；⑤纳米粒子的可回收性和整体可持续性。

欧盟已提出有关风险评价计划，对纳米材料的安全，病理学和 Nanoderm（皮肤对超细粒子的阻碍作用）进行研究。

有一些组织号召暂停对纳米技术的开发，暂停合成的纳米粒子应用，暂停工业化产品的开发。由于纳米材料的新性能不断被发现，因此有必要作为新型材料反映在立法过程之中，最近 5 年，纳米毒性问题已被提出，但尚无专门的立法涉及其制造、运输和应用。

6. 纳米技术和可持续性及道德问题

纳米技术是一门结合所有现有技术的有利之处，让我们的星球能沿可持续道路发展的综合技术。它的基础是较小的产品，用很少的能源和资源，并具有可回收循环的潜在可能。纳米技术的实施应用都要考虑到可持续性和零废料的环保要求。可持续发展的定义是"满足当代人的需求的同时要维护下一代满足他们需求的能力"。因此，可持续性是一项事关涉及现在和未来几代人的道德问题。在全球范围内对纳米技术的可持续性进行评价是十分必要的，因为它的下游实施和应用可能影响人类健康。可持续性应当被看做是通过环境保护，社会进步和经济繁荣来满足人们需求的能力。

在所有的纳米技术风险评价中，都需要考虑社会、道德和文化问题，尤其是在医学的应用中，对每种新药和处置方法都要研究相关的道德问题。关于人体健康，工业有很大影响。在开发新技术中，企业要自觉地维护最佳的公众利益，但是对重要的道德问题的无知，在社会上并不少见。

7. 绿色化学的考量标准

纳米技术需要按绿色化学的原则和相关的考量标准，可用以下绿色化学原则来概括：

（1）防止废料产生：在药品释放方面要求降低药品用量，尽量少地成为人体中的废物。在生产过程中也要减少废物的产生。

（2）原子经济：自下而上的纳米技术本身的原子经济效益高，因为其产品是在自我装配过程中按原子或分子形成，不会产生废物。

（3）低危害的化学合成。

（4）设计用安全材料：例如药品的释放既提高了安全性又减少了副反应。

（5）安全的溶剂和助剂：已经出现了多种绿色合成纳米粒子的方法。

（6）进行能源效率设计：如自组装法加工纳米粒子就是在作用力较小的状态下进行的。

（7）应用可再生原料。

（8）催化：催化剂纳米粒子可以加强反应的选择性，从而降低了反应所需要的能量，反应可在较低的温度下进行。

（9）降解设计：药品释放中应用的纳米粒子可以在人体内破碎。纳米粒子释放入环境造成的污染要分解成无害物。

（10）污染防治的实时监测分析。

（11）本身安全的化学：涉及纳米材料及其应用的全过程。

在生物技术进入社会之前，需要进行完善的全生命期评价（LCA），也就是说一种过程对环境的价值与其产品、过程或活性有关，要用能量、材料和向环境释放的废物等来确定，用此来评价和掌握对环境改善的机遇。尤其是向环境释放的废料应受到特别关注。

8. 结论性意见

英国皇家学会和皇家工程院 2003 年的研究表明，大多数纳米技术没有引发新的健康问题或安全风险，但是它们对人体健康的潜在影响和纳米粒子制造的环境等方面存在着令人重视的不定因素，纳米管如果是游离状态而不是结合在材料中也存在许多问题。从大宗原料的测试来评价其纳米粒子的毒性是不可能的。

对纳米技术应受到广泛关注，对任何一项纳米技术进入市场都要十分小心谨慎，要建立工作场所环境标准和毒性监测，在推广前要得到对环境和健康方面的保证，在生产和分销纳米粒子时，要用绿色化学原则去考量。

编译自《Green Chemistry》2006，8：417—432.

参 考 文 献

[1] 张立德，牟季美. 纳米材料和纳米结构 [M]. 北京：科学出版社，2001.

[2] Manoj K. Ram, Silvana Andreescu, and Hanming Ding. Nanotechnology for Environmental Decontamination [M]. 北京：科学出版社，2011.

[3] 沈辉，刘勇，徐雪青. 纳米材料与太阳能利用 [M]. 北京：化学工业出版社，2012.

[4] 蒋治良，梁爱惠，温桂清，等. 环境纳米分析 [M]. 桂林：广西师范大学出版社，2012.

[5] 洪瑞江，沈辉. 薄膜太阳电池的研发现状和产业发展 [J]. 中国材料进展，2009，28：9—10.

[6] Watzke H J，Fendler J H. J. Phys Chcm. 1987，91：854.

[7] Kubo R. J. Phys. Soc. Jpn. 1966，21：1765.

[8] Ashoori R C. Nature. 1996，379：413.

[9] McEuen PL. Science. 1997，278：1729.

[10] Iijima S. Nature. 1991，354：56.

[11] Li W Z，Xie S S，et al. Science. 1996，274：1701.

[12] Thomas W. Ebbesen. Phys Today. 1996，496：26.

[13] 张立德. 纳米材料 [M]. 北京：科学出版社，2001：76.

[14] Thmoas B，Mark C Yoram C. J Appl. Polym. Sci. 1992，44：671.

[15] Espiard P，Guyot A. Polymer. 1995，36 (23)：4391.

[16] 倪永红，葛学武，徐相凌，等. 纳米材料制备研究的若干新进展 [J]. 无机材料学报，2000，15 (1)：9.

[17] Henglein A. Chem. Rev. 1989，89：1861.

[18] Ajayan P M，Iijinma S. Nature. 1993，361：333.

[19] Green M L，Rhine W F，Calvert P，et al. J. Mater. Sci. Lett. 1993，12：1425.

[20] 邹丙锁，井金谷，汪力，等．表面包覆 TiO_2 纳米微粒的结构表征、电子态与性质 [J]．物理学报，1996，45（7）：1239～1243.

[21] 鲍新努，张岩，肖良质，等．表面包覆对 TiO_2 超微粒光学性质影响 [J]．吉林大学学报（自然科学版），1993，（2）：119～122.

[22] 谭俊茹，侯文祥，张金玲，等．异晶形/云母珠光颜料和制备及性能研究 [J]．硅酸盐学报，1996，（6）：28～32.

[23] 王骞．TiO2 光催化纳米材料在环境保护中的应用 [J]．鞍山师范学院学报，2011，12：17－20.

[24] 邹萍，隋贤栋，黄肖容，等．纳米材料在水处理中的应用 [J]．环境科学与技术，2007，30（4）：87～90.

[25] 刘庆禄，林波．纳米材料与技术在废水处理中的应用及前景 [J]．环境科学与管理，2007，32（11）：98－101.

[26] 黄健平，鲍姜伶．纳米材料在水处理中的应用 [J]．电力环境保护，2008，24（3）：42－44.

[27] 施周，张文辉．环境纳米技术 [M]．北京：化学工业出版社，2003.

[28] 日本专利公开，平成02－194065.

[29] 日本专利公开，平成02－194063.

[30] 日本专利公开，平成01－153529.

[31] 张立德，牟季美，物理，1998，27（3）：167.

[32] Tsang S C，Chen Y K，Harris P J F，et al. Nature，1994，69：2689.

[33] Pederson M R，Broughton T Q. Phys. Rev. Lett. 1992，69：2689.

[34] Zhang X F，Zhang X B，et al. Carbon，1995，269：1550.

[35] Kubo R. J. Phys. Soc. Jpn. 1962，17：975.

[36] Dai H，et al. Nature. 1995，375：769.

[37] Han W，et al. Science，1997，277：1287

[38] 张志焜，崔作林．纳米技术和纳米材料 [M]．北京：国防工业出版社，2000.

[39] Kubo R，Kawabata A，Kobayzshi S，Annu. Rev. Mater. Sci. 1984，14：49.

[40] Butter J，Car R，Myles C W，Phys. Rev. B，1982，26：2414

[41] Zhang Zhikun，Cui Zuolin，Chen Kezheng，et al. Chincse Science Bulletin，1997，42：1535.

[42] Ball P，Garwin L. Nature，1992，355：761.

[43] 沈钟，王果庭．胶体与表面化学（第二版）[M]．北京：化学工业出版社，1997，40—45.

[44] Robert J. Hunter. Zeta Potential in Colloid Science, Principles and Applications, Academic Press, 1981, 21—32.

[45] 徐国财，张立德．纳米复合材料 [M]．北京：化学工业出版社，2002.

[46] 陈宗淇，戴闽光．胶体化学 [M]．北京：高等教育出版社，1984.

[47] 雷乐成，汪大翚．水处理高级氧化技术 [M]．北京：化学工业出版社，2001.

[48] 李晓俊，等．纳米材料的制备及应用研究 [M]．山东：山东大学出版社，2006.

[49] 王永康，等．纳料材料科学与技术 [M]．浙江：浙江大学出版社，2002.

[50] 倪星元．纳米材料制备技术 [M]．北京：化学工业出版社，2009.

[51] 王世敏，等．纳米材料制备技术 [M]．北京：化学工业出版社，2002.

[52] 朱屯．国外纳米材料技术进展与应用 [M]．北京：化学工业出版社，2002.

[53] 侯立安，高鑫，赵兰．纳滤膜技术净化饮用水的应用研究进展 [J]．膜科学与技术，2012，10：1—7.

[54] 江红，王连军，江莞．绿色化学概念在水处理剂材料中的应用及发展状况 [J]．无机材料学报，2003，9：998—1004.

[55] 曾永刚，黄进，黄正文，等．纳米技术与材料在污水深度处理中的应用研究 [J]．成都大学学报（自然科学版），2010；29（3）：195—198.

[56] 李洁，孙体昌，齐涛，等．抗菌性纳米材料在水处理中的应用现状 [J]．材料导报，2008，5：21—24.

[57] 于红，孙振亚，余建洋，等．自组装技术在水处理中的应用 [J]．武汉理工大学学报，2006，9：41—44.

[58] 徐悦华，古国榜，伍志锋，等．纳米 TiO_2 光催化降解有机磷农药的研究 [J]．土壤与环境，2001，10（3）：173～175.

[59] 楼民，俞三传，高从堦．纳滤在水处理中的应用研究进展 [J]．工业水处理，2008，1：13—17.

[60] 梁震，王焰新．纳米级零价铁的制备及其用于污水处理的机理研

究［J］．环境保护，2002，4：14—16.

［61］童敏曼，赵旭东，解丽婷，刘大欢，阳庆元，仲崇立．金属—有机骨架材料用于废水处理［J］．化学进展，2012，9：1646—1655.

［62］关云山，周海永．纳滤膜的制备技术及进展［J］．青海大学学报（自然科学版），2006，4：38—41.

［63］王光丽，董玉明，梁秀娟，等．臭氧化法有机废水处理中金属氧化物纳米催化剂的研究进展［J］．化工时刊，2010，6：63—67.

［64］徐忠厚，孟晓光．纳米材料在砷水处理中的应用［J］．环境化学，2011，1：64—76.

［65］黄书杭，隋铭皓．碳纳米管技术在去除饮用水中污染物的应用［J］．水处理技术，2011，9：6—10.

［66］乔仁桂，催德明．纳米技术的发展及纳米催化剂在水处理中的应用［J］．能源与环境，2007，（3）：90—91.

［67］彭先佳，贾建军，栾兆坤，等．碳纳米管在水处理材料领域的应用［J］．化学进展，2009，21（9）：1987—1992.

［68］侯立安，赵兰，刘晓敏．纳滤膜对无机物的截留机理研究［J］．水工业市场，2007，7：52—55.

［69］王晓伟，刘文君，李德生，等．单段式和两段式纳滤和反渗透膜除砷对比研究［J］．给水排水，2010，36（7）：125—132.

［70］张勤，程少飞．纳滤技术在直饮水处理系统中的应用［J］．给水排水工程，2010，28（5）：80—81.

［71］李灵芝，余国忠，王占生．不同水处理工艺对地表水中 AOC 的去除效果［J］．环境污染治理技术与设备，2003，4（8）：58—60.

［72］李灵芝，王占生．纳滤膜组合工艺去除饮用水中可同化有机碳和致突变物［J］．重庆环境科学，2003，（3）：17—18.

［73］侯立安，左莉．纳滤去除饮用水中有机物及类炭疽杆菌的研究［J］．中国给水排水，2006，22（7）：62—64.

［74］吴礼光，项雯．纳滤膜去除饮用水中微量三唑磷的研究［J］．环境科学与技术，2011，34（6）：53—58.

［75］孙晓丽，王磊，程爱华，等．腐殖酸共存条件下双酚 A 的纳滤分离效果研究［J］．水处理技术，2008，34（6）：16—22.

［76］龚建华著．走进纳米世界［M］．广州：广东经济出版社，2001，223—225.

［77］崔崇威，纪峰，唐小辉，等．纳滤膜法生产桶装饮用水与提高水资源利用率［J］．哈尔滨工业大学学报，2007，39（2）：258—261.

［78］Angeles R，Manuel R. Removal of natural organic matter and

THM formation potential by ultra — andnanofiltration of surface water [J]. Water Res，2008，42：714—722.

[79] Vedat U，Ismail K. Removal of trihalomethanes from drinking water by nanofihration membrane [J]. J Hazard Mater，2008，152：789—794.

[80] 侯立安. 特殊废水处理技术及工程实例 [M]. 北京：化学工业出版社，2003：15—17.

[81] 王晓琳. 纳滤膜分离机理及其应用研究进展 [J]. 化学通报，2001，(2)：86—90.

[82] 夏圣骥，高乃云，张巧丽，等. 纳滤膜去除水中砷的研究 [J]. 中国矿业大学学报，2007，36 (4)：565—568.

[83] 贺飞，唐怀军，赵文宽. 纳米 TiO_2 光催化剂负载技术研究[J]. 环境污染治理技术与设备，2001，2 (2)：47—58.

[84] 符小荣，张校刚. $TiO_2/Pt/glass$ 纳米薄膜的制备及对可溶性染料的光电催化降解 [J]. 应用化学，1997，14 (4)：77—79.

[85] 李田，陈正夫. 城市自来水光催化氧化深度净化效果 [J]. 环境科学学报，1998，18 (2)：167—171.

[86] 王振东，张志祥. 印染废水的污染与控制 [J]. 环境科学与技术，2001，1：19—23.

[87] 谭湘萍，蒋伟川，徐红. 载银 TiO_2 半导体催化剂对印染废水的光降解研究 [J]. 环境污染与防治，1994，16 (5)：5—7.

[88] 祝万鹏，王利，杨志华. 光催化氧化法处理染料中间体 H 酸水溶液 [J]. 环境科学，1996，17 (4)：7—10.

[89] 李田，仇雁翎. 水中六六六与五氯苯酚的光催化氧化 [J]. 环境科学，1996，17 (1)：24—26.

[90] 古风才，王金明. 光催化降解有机磷农药废水的可行性 [J]. 化学工业与工程，1999，16 (6)：354—356，366.

[91] 陈非力，刘晓国. 太阳能光催化降解法去除水中罗丹明染料的研究 [J]. 化工环保，1997，17 (1)：3—5.

[92] 陈士夫，赵梦月. 光催化降解有机磷农药废水的研究 [J]. 郑州工业大学学报，1996，17 (4)：44—48.

[93] 郑巍，刘维屏，宣日成. 附载 TiO_2 光催化降解咪蚜胺农药[J]. 环境科学，1999，20 (1)：73—76.

[94] 王琳，王宝贞. 优质饮用水净化技术 [M]. 北京：科学出版社，2000.

[95] 赵文宽，覃榆森，方佑龄. 水面石油污染物的光催化降解 [J].

催化学报，1999，20（3）：368—372.

[96] 刘庆禄，林波. 纳米材料与技术在废水处理中的应用及前景 [J]. 环境科学与管理，2007，11：98—101.

[98] 汪大翚，雷乐成. 水处理新技术与工程设计 [M]. 北京：化学工业出版社，2001.

[99] Hanra Amab M. Indian J Environ. Health. 1996，38（1）：35—40.

[100] Andersson S. Phys Rev Lett，1979，43（5）：363.

[101] Schmid G. Chen Rev，1992，92：1790.

[102] Rastogi R. P. Combustion and Flame，1978，33：305—310.

[103] Hoffmann M R，et al. Chen Rev，1995，95（1）：69.

[104] 戎晶芳，黄维，陆文云，等. 铜铬氧化物催化剂的结构与性能研究 [J]. 化学物理学报，1994，3：254—257.

[108] Heller A，et al. ln: Ollis D F，Al — Ekabi H eds. Photocatalytic Purification and Treatment of Water and Air Amsterdam：Elsevier，1993，139

[109] 吴何珍，褚道葆，陈忠平，等. 四组分纳米结构复合电极的制备及电化学性能 [J]. 化学通报，2009（2）：158—162.

[110] 王静，朱艳，马轲，等. 纳米氧化铁薄膜的制备及在水处理中的应用研究 [J]. 化工技术与开发，2012，41（7）：36—39.

[111] 任红轩. 磁性纳米材料的制备与应用发展趋势 [J]. 新材料产业，2011，8：49—52.

[112] 魏小兰，沈培康. 碱性介质中葡萄糖在铂电极上的阳极氧化 [J]. 化学物理学报，2003，16（5）：395—400.

[113] 褚道葆，李晓华，冯德香，等. 葡萄糖在碳纳米管/纳米 TiO_2 膜载 Pt（CNT/nano—TiO_2/Pt）复合电极上的电催化氧化 [J]. 化学学报，2004，62（24）：2403—2406.

[114] 饶少敏. 分光光度法测定废水中 COD [J]. 分析测试技术与仪器，2005，11（2）：111—113.

[115] 白颖，贾贤英，丁虹，等. 密封催化消解法测定废水中 COD 方法介绍 [J]. 安徽化工，1998，4：35—37.

[116] 苏文斌，兰瑞家，魏永巨，等. 化学需氧量测定方法的研究进展 [J]. 河北师范大学学报（自然科学版），2007，31（4）：508—513.

[117] 艾仕云，李嘉庆，杨娅，等. 一种新的光催化氧化体系用于化学需氧量的测定研究 [J]. 高等学校化学学报，2004，25（5）：823—826.

［118］丁红春，柴怡浩，张中海，等．光催化氧化法测定地表水化学需氧量的研究［J］．化学学报，2005，63（2）：148－152.

［119］LI Jia － qing，LI Luo － ping，ZHENG Lei，et al. Determination of Chemical Oxygen Demand Values by a Photocatalytic Oxidation Method Using Nano － TiO$_2$ Film on Quartz［J］．Talanta，2006，68（3）：765－770.

［120］ZHANG Shan－qing，ZHAO Hui－jun，JIANG Dian－lu，et al. Photoelectrochemical Determination of Chemical Oxygen Demand Based on an Exhaustive Degradation Model in a Thin－layer Cell［J］．Analytical Chemical Acta，2004，514（1）：89－97.

［121］谢振伟，于红，但德忠，等．电化学法直接快速测定COD初步研究［J］．环境工程，2004，22（3）：60－63.

［122］朱清时．绿色化学［J］．化学进展，2000，12（4）：410－414.

［123］崔正刚，殷福珊．微乳化技术及应用［M］．北京：中国轻工业出版社，1999.

［124］尹邦跃．纳米时代——现实与梦想［M］，北京：中国轻工业出版社，2001.

［125］Siegel R W，Hahn H，et al. J Phys，1988

［126］王东辉，程代云，郝郑平，等．纳米金催化剂上CO低（常）温氧化的研究［J］．化学进展，2002，2：360－367.

［127］赵国玺著，表面活性剂物理化学［M］．北京：北京大学出版社，1984.

［128］Sinfelt J H，et al. Catal Rev Sci Eng. 1984，26：81.

［129］Sunada K，Kikuchi Y，Hashimoto K，et al. Environ Sci Technol. 1998，32（5）：726.

［130］樊安，祖庸．新型抗菌剂——纳米TiO$_2$的研究进展［J］．钛工业发展，1988，3：40－44.

［131］Ramadass N. Mater Sci Eng. 1978，（36）：231.

［132］Yasutake Teraoka，et al. Catal Today. 1996，（27）：107.

［133］Noritaka Mizuno，et al. J Chen Soc Chem Commum. 1989，（5）：316.

［134］韩巧凤，魏国宝，汪信，等．纳米钙钛矿型LaMnO$_3$的制备与汽车尾气处理［J］．环境污染与防治，2001，23（4）：148－150.

［135］Trovarelli A. Catal Rev Sci Eng. 1997，38：439.

［136］Fornasiero P，et al. J Catal. 1995，151：168.

［137］Andrew M，et al. A：Chemistry. 1997，108：1.

[138] Jose Peral, David F Ollis. Journal of Catalysis. 1996, 98: 241.

[140] Linsebigler A L. et al. Chem Rev. 1995, 95 (3): 735.

[141] Canela M C, Alberici R M, et al. J Photo Chem & Photobio A: Chem. 1998, 112: 73.

[142] 谭宇新, 黄传荣, 甘世凡, 等. 新型汽车尾气净化催化剂的研究 [J]. 环境科学, 1998, 3: 18—21.

[143] Judin V P S. Chemistriy in Britain. 1993, 29: 503.

[144] Anpo M, Shima T. et al. J Phys Chem. 1987, 91: 4303.

[145] Yoneyama H, Haga S, et al. J Phys Chem. 1989, 93: 4833.

[146] 金宗哲, 梁金生. 中国硅酸盐学汇编, 陶瓷玻璃工业指南'98, 中国硅酸盐学会手册 [M]. 北京: 中国建材工业出版社, 1998.

[147] Mews A, Eychmuller A. et al. J Phys Chem. 1994, 98: 934.

[148] Youn Hyeong Chan. Subhash Baral. Fendler J H. J Phys Chem. 1998, 92: 6320.

[149] 张立德. 我国纳米材料技术应用的现状和产业化的机遇 [J]. 材料导报, 2001, 15 (7): 2—7.

[150] Park C, Anderson P E, et al. J Phys Chem B. 1999, 103: 10572.

[151] Fan Y Y, Liao B, et al. Carbon. 1999, 37: 1649.

[152] Nazeeruddin M K, Kay A, et al. J Am Chem Soc. 1993, 115: 6382.

[153] Kavan L, Gratzel M, et al. J Electrochem Soc. 1996, 143: 394.

[154] Kroto H W, Heath J R, et al. Nature. 1985, 318: 162.

[155] 杨全红, 刘敏, 成会明, 等. 纳米碳管的孔结构、相关物性和应用 [J]. 材料研究学报, 2001 材料研究学报, 2001, 15 (4): 375.

[156] Eswaramoorthy M. Sen R, et al. Chem Phys Lett. 1999, 304: 207.

[160] Williams K A, Eklund P C. Chem Phys Lett. 2000, 320: 352.

[161] Iijima S, et al. Mater Sci and Eng. 1993, 283: 512.

[162] Ishigami M, Cuming John et al. Chem Phys Lett. 2000, 319: 457.

[163] Fekdman Y, et al. Science, 1995, 267: 222.

[164] Guo J, et al. Nature. 1995, 243: 49.

[165] 孙凤英, 马春磊. 纳米 TiO_2 光催化材料及其在净化大气污染中的应用 [J]. 森林工程, 2007, 5: 19—21, 70.

[166] 胡伟武, 冯传平. 纳米材料和纳米技术在环境保护方面的应用 [J]. 化工新型材料, 2007, 3: 14—16.

[167] 肖国光, 余侃萍, 余永富, 等. 多利纳米燃油添加剂台架及应用试验研究 [J]. 矿冶工程, 2003, 12: 41—45.

[168] 薛韩玲，李建伟，葛岭梅，等．纳米材料催化净化燃煤烟气中NO$_x$的新技术 [J]．能源环境保护，2004，2：9—12．

[169] 欧阳海峰，林向阳，阮榕生．微乳燃料油研究进展 [J]．可再生能源，2006，3：55—58．

[170] 周雅文，张高勇，王红霞．汽油微乳化技术研究 [J]．日用化学工业，2002，32（2）：1—4．

[180] 王延平，赵德智，王雷，等．柴油微乳液的配制与应用 [J]．辽宁石油化工大学学报，2004，24（3）：14—17．

[181] 周雅文，张高勇，刘云，等．燃油微乳化技术及其研究进展 [J]．化学世界，2004，6：329—332．

[182] 李干佐，郭荣．微乳液理论及其应用 [M]．北京：中国石油工业出版社，1995.47—138．

[183] 相会强，刘彦君，智艳生．纳米稀土催化技术在汽车尾气净化中的应用 [J]．中国稀土学报，2005，6：112—115．

[184] 王亚军，冯长根，王丽琼．稀土在汽车尾气净化中的应用 [J]．工业催化，2000，8（5）：3．

[185] 王东辉，郝郑平．金催化剂的研究进展及在环保催化中的应用 [J]．自然科学进展，2002，12（8）：794．

[186] 韩巧凤，杨绪杰，汪信．稀土的开发利用与汽车尾气处理 [J]上海化工，2002，27（7）：4，19．

[187] 吕建燚，李定凯．煤粉细度对一次颗粒物特性的影响研究 [J]．环境科学，2007，9：1944—1947．

[188] 欧阳中华，曾汉才，陆晓华，等．煤燃烧产生的细微粒子中重金属元素富集性的试验研究 [J]．燃烧科学与技术，1996，2（2）：111—120．

[189] 潘颐，吴希俊．纳米材料制备、结构及性能 [J]．材料科学与工程，1993，11：16—25．

[190] 李建庄，夏冬林，赵修建．电沉积制备 CIS 薄膜太阳能电池材料 [J]．材料导报，2004，4：227—229．

[191] 申承民，张校刚，力虎林．电化学沉积制备半导体 CIS 薄膜 [J]．感光科学与光化学，2001.19（1）：1．

[192] 马剑华．绿色化学、纳米技术与环境保护 [J]．温州大学学报，2003，6：107—110．

[193] 马荣萱，李继忠．纳米技术及材料在环境保护中的应用 [J]．环境科学与技术，2006，7：112—114．

[194] 韩玮．绿色化学、纳米材料与环境保护 [J]．中国环保产业，

2004，8：46—48.

[195] 赵文宽，方佑龄．光催化降解水面石油污染的研究 [J]．宁夏大学学报（自然科学版），2001，22（2）：219—220.

[196] 于兵川，吴洪特，张万忠．光催化纳米材料在环境保护中的应用 [J]．石油化工，2005，5：491—495.

[197] 李田，陈正夫．城市自来水光催化氧化深度净化效果 [J]．环境科学学报，1998，18（2）：167—17l.

[198] 胡将军，李英柳，彭卫华．吸附—光催化氧化净化甲醛废气的试验研究 [J]．化学与生物工程，2004，（1）：39—4l.

[198] 贺飞，唐怀军，赵文宽，等．二氧化钛光催化自洁功能陶瓷的研制 [J]．武汉大学学报（理学版），2001，47（4）：419—424.

[199] 张传历，李海滨，韩伟，等．用非晶晶化法制备纳米晶材料 [J]．钢铁研究学报，1994，4：38—42.

[200] Stan G，Cole M. Surface Sci. 1998，395：280.

[201] Ye Y，Ahn C C，et al. Appl Phys Lett. 1999，74：2307.

[202] Regan B O，Gratzel M，et al. Nature. 1991，353：737.

[203] Fish A C，Peter L M，et al. J Phys Chem B. 2000，104：949.

[204] Anita Solbrand，Henrik Lindstron，et al. J Phys Chem B. 1997，101：2514.

[205] Cahen D，Hodes G，et al. J Phys Chem B. 2000，104：2053.

[206] Saifa Haque，Yasuhiro Tachibana. J Phys Chem B. 2000，104：538.

[207] 马大猷．环境声学 [M]．北京：科学出版社，1984.

[208] 【日】公害防止技术和法规编委会编．卢贤昭泽．公害防止技术（噪声篇）[M]．北京：化学工业出版社，1988.

[209] 崔凤山．纳米技术参与环境保护 [N]．中国环境报，2000—12—19.

[210] 吴志申，张治军等．表面修饰 ZrO_2 纳米微粒的结构表征及摩擦学行为研究 [J]．化学研究.2001，12（2）：4—8.

[211] 温诗铸．纳米摩擦学 [M]．北京：清华大学出版社，1998.

[212] 陈爽，刘维民，欧忠文，等．油酸表面修饰 PbO 纳米微粒作为润滑油添加剂的摩擦学性能研究 [J]．摩擦学学报，1997，17（3）：260—262.

[213] 梁起，张治军，薛群基，等．$CePO_4$ 纳米微粒的摩擦学行为 [J]．应用化学，1999，16（1）：113—14.

[214] 梁起，张顺利，张治军，等．$La_2(C_2O_4)_3$ 纳米微粒的摩擦学行为研究 [J]．化学通报，1999，（6）：48—51.

[215] 周静芳，陶小军，张治军，等．表面修饰 Ag_2S 纳米微粒的合成及摩擦学行为研究 [J]．化学研究，1999，10（4）：1—5.

[216] 叶毅，董浚修，陈国需，等．纳米硼酸盐的摩擦学特性初探 [J]．润滑与密封，2000，（4）：20—21.

[217] 张波，胡泽善，叶毅，等．米氧化锌抗磨减摩添加剂的研究 [J]．润滑油，1999，14（6）：40—44.

[218] 夏延秋，丁津原，马先贵，等．纳米级金属粉改善润滑油的摩擦磨损性能试验研究 [J]．润滑油.1998，13（6）：37—40.

[219] 张志梅，古乐，齐毓霖，等．纳米级金属粉改善润滑油摩擦性能的研究 [J]．润滑与密封，2000，（2）：40.

[220] 郑大中，郑若锋，王惠萍．纳米材料在环保与检测领域的应用研究进展 [J]．盐湖研究，2008，12：66—72.

[223] 蔡河山，刘国光，吕文英，等．钛掺杂提高 TiO_2 纳米晶光催化活性的光谱性能机制研究 [J]．中国稀土学报，2007，25（1）：16—21.

[224] 卢新宇，张宁，宋维启，等．氧化镧掺杂 TiO_2 纳米管的制备及光催化性能研究 [J]．有色金属（冶炼部分），2007（1）：46—49.

[225] 武丽娟，管俊芳，雷绍民，等．纳米 TiO2/天然矿物复合材料的环境效应 [J]．矿物岩石地球化学通报，2006，25（4）：314—318.

[226] 咸才军，郭保文，关延涛，等．纳米材料及其技术在涂料产业中的应用 [J]．新型建筑材料，2001，5：3—4.

[227] 周水仙，张玉珍．抗菌陶瓷材料的应用及其开发前景 [J]．陶瓷，1999，（4）：7—9.

[228] 柯博，黄志杰，左美祥，等．纳米 SiO_2 在涂料中的应用 [J]．涂料工业，1998，12：29—30.

[229] 高德财，刘瑜．聚合物—纳米粒子复合材料的应用研究 [J]．新型建筑材料，2001，5：14—16.

[230] 任红轩．人造纳米材料安全性研究进展及存在问题 [J]．自然杂志，2007，29（5）：270—272.

[231] 刘锦淮，孟凡利．纳米技术环境安全性的研究及纳米检测技术的发展 [J]．自然杂志，2008，30（4）：211—215，222.

[232] 朱曾惠（编译）．纳米技术对人体健康的影响 [J]．化工新型材料，2007，35（2）：78—80.

[233] 张维邦．"纳米毒物学"初探 [J]．纳米科技，2006，6：61—63.

[234] 张维邦．略论纳米技术双刃性及对策 [J]．科学技术与辩证法，2008，2：98—104.

[235] 余家驹（编译）. 关注纳米技术的安全性——一份关于纳米技术产品安全与环境风险的指导性文件有望出台 [J]. 世界科学，2007，9：45.

[236] 周珊. 纳米技术的安全性问题及对策研究 [D]. 武汉：武汉科技大学，2010.

[237] 梁慧刚，黄健，刘清. 纳米技术在食品中的应用及安全性问题 [J]. 新材料产业，2009，8：50—53.

[238] 任红轩. 美国 NNI 评估结果对我国发展纳米科技的启示 [J]. 新材料产业，2011，4：13—15.

[239] 任红轩. 纳米科技引发产业变革 [J]. 新材料产业，2013，2：41—43.